미세먼지

미세먼지

제1판 제1쇄 2022년 12월 20일

지은이 배귀남 손성하 박소정
엮은이 한국과학기술연구원
펴낸이 이광호
주간 이근혜
편집 홍근철 박지현
마케팅 이가은 허황 이지현 맹정현
제작 강병석
펴낸곳 ㈜문학과지성사
등록번호 제1993-000098호
주소 04034 서울 마포구 잔다리로7길 18(서교동 377-20)
전화 02) 338-7224
팩스 02) 323-4180(편집) 02) 338-7221(영업)
대표메일 moonji@moonji.com
저작권 문의 copyright@moonji.com
홈페이지 www.moonji.com

ISBN 978-89-320-4101-8 03400

미세먼지

배귀남·손성하·박소정 지음
KIST 한국과학기술연구원 엮음

문학과
지성사

맑은 하늘을 되찾을 과학기술

경제협력개발기구OECD 통계에 따르면, 우리나라는 2019년 기준 OECD 회원국 가운데 초미세먼지 오염도가 가장 높은 나라다. 세계보건기구WHO가 195개국을 대상으로 조사한 초미세먼지 농도 순위에서는 129위를 차지했다. 지난 수십 년 동안 빠른 경제성장을 일구어내고 최근에는 선진국 대열에 들어서며 우리나라의 세계적인 지위가 높아졌지만, 대기 질은 여전히 하위권에 머물러 있다. 일상에서 늘 마주하는 열악한 대기 환경, 이것이 우리의 현주소다.

반세기 전만 해도 우리나라는 인구의 절반 이상이 농어촌에 살던 아시아 변방의 농업 국가였다. 그러다 1960년대 경제 개발 계획에 따라 제조업 중심으로 산업구조를 개편하면서, 1970년대에는 중화학공업을 대거 육성하기 시작했다. 대규모 공업 단지가 울산, 포항 일대에 둥지를 튼 것도 이때부터다. 1980년대에는 전자 산업이 본격화되면서 반도체 산업에도 과감히 뛰어들었다. 눈부신 성과였지만, 그것이 전부는 아니었다. 급격한 산업화와 도시

화는 고도의 경제성장을 가져온 동시에 환경오염이라는 부작용을 낳았다. 특히 대도시와 산업단지를 중심으로 심각한 대기오염이 일상화됐다.

최근 10여 년간 미세먼지는 도시와 농촌을 가리지 않고 시민들을 괴롭히는 국가적 이슈였다. 전문용어였던 미세먼지는 어린이부터 어르신까지 전 국민이 사용하는 생활 용어가 됐다. 매일 일기예보를 보듯 미세먼지 예보를 확인하는 것이 당연해졌다. 고농도 미세먼지 발생이 예상되는 때에는 사회 전반에 걸쳐 엄격히 관리한다. 이처럼 미세먼지는 우리의 일상으로 자리 잡아 사회에 변화를 가져왔고, 미세먼지에 대한 불안감은 점점 커져간다.

높은 관심도에 비해 우리는 막상 미세먼지 자체의 속성에 대해서는 잘 모르고 있다. 막연한 불안감을 버리고 올바른 해결책을 찾으려면, 우선 미세먼지라는 상대를 알아야 한다. 과학적 사실에 기반한 지식과 정보가 필요한 것이다.

바로 이러한 맥락에서 이 책은 미세먼지 이야기를 다룬다. 미세먼지에 대한 탐구는 물론 독자들이 궁금해할 만한 고농도 초미세먼지 현상과 대책, 그리고 연구 현황 등을 알기 쉽게 풀어냈다. 이 책은 지난 50여 년간 한국 과학기술 연구 개발의 메카로서 큰 역할을 해 온 한국과학기술연구원KIST의 도움으로, 세상에 나올 수 있었다.

이 책은 4부로 구성된다. 1부에서는 과학적 사실에 기반해 미세먼지가 어떤 존재인지 소개하고, 대기오염의 역사를 따라서 미세먼지가 세계적인 이슈가 되기까지의 과정을 살펴본다. 또한 미세먼지가 건강에 미치는 영향에는 무엇이 있는지 다루어, 체계적인 대기 질 관리가 필요한 이유를 함께 담았다. 2부에서는 미세먼지가 어떤 원리로 생겨나는지 설명한다. 미세먼지는 그 자체로 직접 배출되는가 하면, 공기 중에서 새로 만들어지기도 한다. 이렇게 직간접적으로 발생한 미세먼지가 우리 주변에 얼마나 있는지 알아본다.

3부는 미세먼지의 공간 분포와 이동을 관측하고, 과학적으로 예측하는 방법을 제시한다. 공기 중에 떠다니는 미세먼지는 기상 조건에 큰 영향을 받으며, 나아가 기후와도 영향을 주고받는다. 현대사회에서 풀어야 할 가장 큰 난제인 미세먼지와 기후변화의 상호작용까지 알아본다. 끝으로 4부는 과거부터 현재까지 세계 주요 국가는 어떻게 대기오염을 관리해왔는지, 우리의 미세먼지 관리는 어떤 방향으로 나아가야 할지 국내외 사례를 비교 설명한다.

여기에 'R&D 성과'라는 별도의 읽을거리를 덧붙였다. 1부에서 4부까지 본문에 등장하는 각종 과학 지식은 이 분야 연구자들이 세계 곳곳에서 연구해온 결과물이다. 지금 이 시간에도 연구자들은 보이지 않는 곳에서 미세먼지 문제를 해결하기 위해 연구에 열성을 쏟고 있다. 그중에서 국내 과학계가 다양한 미세먼지 분야에서 수행한 최근 연구를 소개한다. 국내 전문가들이 어떤 연구를 수행하고 있는지, 이를 통해 얻은 성과는 무엇인지 최신 정보를 담았다.

그간 정부와 연구 기관, 산업계, 시민사회가 함께 미세먼지 문제의 해법을 모색했으며, 모두의 노력으로 실제 우리를 둘러싼 대기 환경은 점차 개선되고 있다. 하지만 앞으로도 미세먼지는 꾸준히 발생할 것이며, 우리가 당면한 기후변화와 고령화 등과 맞물려 우리 몸과 사회제도, 지구환경에 미치는 영향이 증가할 것이다.

사실 미세먼지 문제를 해결하는 방법은 단순하다. 미세먼지를 만들지 않으면 된다. 그러나 오늘날 인류가 누리고 있는 현대 문명 어디에서나 미세먼지가 발생한다. 미세먼지를 줄이기 위해서도, 미세먼지의 영향력과 그 범위를 파악해 피해를 예방하기 위해서도, 모두 연구 개발을 통한 혁신적인 과학기술이 필요하다. 과거에는 앞만 보고 달려와 빠르게 풍요로운 삶을 얻었다면, 이제는 사방을 살피며 그 이면의 환경문제도 보살필 때다. 과학기술이 이를 해결할 열쇠가 되어줄 것이다.

이와 더불어 많은 사람이 과학기술에 관심을 가지고 미세먼지를 폭넓게 이해한다면, 각자의 자리에서 적절한 방법으로 대비하고 함께 노력을 보탤 수 있지 않을까. 이 책이 우리 모두의 청정한 하늘을 되찾는 일에 보다 많은 사람들의 참여를 이끄는 연결고리가 되기를 바란다.

저자들을 대표해서

배귀남

차례

3부 여행을 떠나다 89

4부 미세먼지 다스리기 141

1부

미세먼지의 정체를 밝혀라

01

지금은 미세먼지 시대

미세먼지가 온다

우리나라는 1970~80년대 들어 산업 구조가 제조업 중심으로 바뀌면서 초고속 경제성장을 이뤘다. 수도권을 비롯해 산업 단지가 집중된 지역으로 인구가 몰리고, 국토 곳곳에서는 환경오염이 일어났다. 특히 서울, 인천 등 대도시는 대기오염이 일상적인 문제가 됐다. 이후 환경에 대한 인식이 높아지면서, 대기오염을 체계적으로 개선해 선진국형 관리 체계를 점차 갖춰나갔다.

그렇지만 공기에 대한 우려는 여전하다. 어느덧 관심은 대기오염에서 미세먼지로 구체화되었다. 이제는 날씨보다 미세먼지 예보에 더욱 촉각을 세우는 시대다. 과거 대기오염은 대도시나 공장 밀집 지역에 한정된 문제였으나, 미세먼지는 다르다. 공기가 맑다는 제주도까지 미세먼지에서 자유롭지 못하다. 대도시, 농어촌, 산골 가릴 것 없이 미세먼지는 전 국민의 관심사가 됐다.

미세먼지가 지역을 가리지 않는다는 것은 넓은 범위에서 크게 이동한다는 의미다. 즉 바다 건너 국경까지 넘나든다는 것인데, 그것을 체감한 건 그리 오래된 일이 아니다. 우리나라는 2003년 '수도권 대기 환경 개선에 관한 특별법'을 제정해 수도권 중심의 강력한 대기오염 정책을 실시하면서, 2012년까지 서울의 미세먼지 농도는 지속적으로 감소했다. 이때만 해도 중국의 영향을 심각하게 보지는 않았다.

그러다 2013년 1월 중국을 비롯해 동북아시아 일대에 극심한 고농도 초미세먼지가 한 달가량 지속되는 일이 벌어졌다. 중국의 수도권이라 할 수 있는 징진지*의 1세제곱미터당 월평균 미세먼지 농도**가 303마이크로그램㎍, 초미세먼지 농도가 195마이크로그램까지 치솟아 중국뿐 아니라 우리나라까지 공포에 떨었다. 이 시기는 1952년 런던스모그에 버금가는 환경 재앙으로서 지금도 회자되고 있다.

이후 미세먼지는 여름에서 초가을까지 서너 달을 제외하고는 우리에게 일상적인 골칫거리가 됐다. 미세먼지를 걸러주는 마스크를 구입하기 시작했으며, 공기청정기 판매량은 2014년

* 京津冀. 중국 베이징과 톈진, 허베이성까지 3개 지역을 아우르는 말로, 우리나라의 수도권에 해당한다.

** 미세먼지 농도는 공기 1세제곱미터에 포함된 미세먼지의 무게를 의미하는 $\mu g/m^3$ 단위를 사용한다.

황사는 자연 재난

중국과 몽골에는 사막이 있다. 봄이 되어 기온이 오르면 겨울철 얼어 있던 사막 모래가 건조해진다. 이때 강한 바람이 불 경우, 흙먼지가 치솟아 바람을 따라 주변 지역으로 이동하게 된다. 약하게 발생한 황사는 주변 지역에만 영향을 주지만, 강한 황사는 바람을 타고 일본까지 도달한다. 가끔은 태평양을 건너 미국 서부 캘리포니아주까지 날아간다.

우리나라는 오랜 기간 황사의 영향을 빈번하게 받아왔다. 황사가 발생하면 많은 양의 먼지가 이동해 위성으로 쉽게 관측되고, 지상에서 측정되는 미세먼지 농도도 크게 높아진다.

과거 황사는 주로 봄철에 왔지만, 최근 들어서는 기후변화로 인해 가을과 겨울에도 온다. 겨울철 얼어 있어야 할 사막이 기온 상승과 강수량 감소로 고온 건조해지면서, 흙먼지가 발생하기 좋은 환경이 된 탓이다. 그렇지 않아도 고농도 미세먼지 현상이 빈번한 겨울철, 기후변화로 인한 황사까지 걱정하게 됐다.

고농도 황사가 발생한 2002년에는 초등학교가 휴교하고, 비행기 운항을 중지하는 등 사회·경제적 파장이 매우 컸다. 이에 정부는 황사를 자연 재난으로 규정하고, 기상청을 주축으로 황사 종합 대책을 마련해 황사 예보를 시작했다. 또한 중국과 협력해 황사 발원지에 관측 탑을 설치함으로써, 황사 발생량을 예측하고 있다.

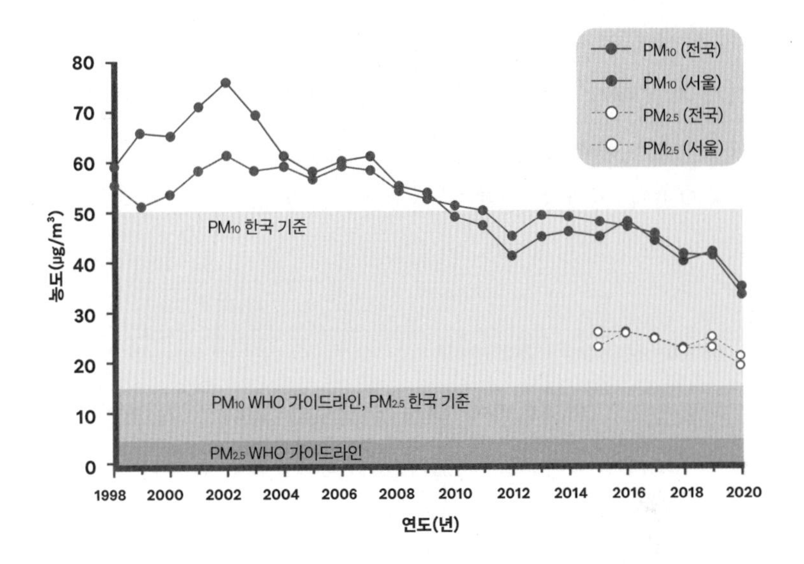

그림 1-1. 서울 및 전국 연평균 미세먼지·초미세먼지 농도 변화(1998~2020)

에서 2017년 사이에 세 배 가까이 뛰었다. 한국과학기술정보연구원KISTI이 2018년 발표한 통계에 따르면, 국내 공기청정기 시장 규모는 2014~2017년 5,000억 원대에서 1조 원대로 커졌으며, 연간 판매량 또한 같은 기간에 약 50만 대에서 150만 대로 세 배 가까이 증가했다. 시민들이 미세먼지에 예민해지면서, 음식을 조리할 때 생기는 미세먼지도 주목받았다. 특히 밀폐된 공간에서 고등어를 구울 때 조리 전보다 20배 이상 미세먼지 농도가 증가한다는 보도가 나가자, 한동안 전국적으로 고등어가 팔리지 않는 기현상이 일어나기도 했다.

중국에서 오는 대기오염 물질은 2010년대 이전에도 이슈였다. 당시에는 미세먼지가 아니라 황사가 관심 대상이었다. 흙비가 내렸다는 『삼국사기』 기록이 있을 만큼 우리나라에서 황사는 아주 오래전부터 일어난 자연현상이다. 하지만 중국의 경제성장과 개발로 인해 사막 지역이 확대되면서, 황사 발생 횟수가 많아지고 황사의 양도 늘었다.

시대에 응답하는 과학 연구

대중적으로 미세먼지에 대한 관심도가 높아진 지 10년 가까이 됐지만, 국내 학계에서 미세먼지의 국가 간 이동 및 국내 발생 등 좀더 정확한 현상 규명을 위한 노력을 기울인 것은 그보다 훨씬 전이었다. 대기오염 물질이 바람을 타고 장거리 이동하는 현상을 규명하는 연구는 1990년대 중반부터 시작됐다. 국제 협력도 이어져, 2001년 미국 연구 기관을 중심으로 동아시아 지역 미세먼지 특성을 관측하는 '아시아 대기먼지 측정 국제 협력 사업ACE-Asia'이라는 프로그램에 참여하기도 했다.

이때 중국으로부터 이동하는 미세먼지 관측 정확도를 높이기 위해 국내 미세먼지 배경 농도를 알 수 있는 위치로 제주도 서부 해안 지역의 고산리가 선정되어, 세계 각국의 연구자들이 방문하는 국제적인 관측소로 자리매김했다. 중국 경제가 성장하면서 발생한 오염 물질이, 한반도 대기에 더 큰 영향을 미칠 거란 우려가 당시부터 이미 있었던 것이다.

2016년에는 미 항공우주국NASA이 참여한 '한미 협력 국내 대기 질 공동 조사KORUS-AQ' 연구가 실시됐다. 이때 환경부 산하 국립환경과학원과 NASA가 공동으로 2016년 5월 2일부터 6월 12일까지 수도권 및 한반도 대기 질을 조사하는 3차원 입체 관측을 실시했다. 한국의 지역적 특성에 따른 수도권 미세먼지와 오존[*]의 발생 원인을 규명하는 것이 목적이었다. 또한 국내 대기오염 물질의 실제 배출량은 과거 국가 배출량 통계보다 많았고, 수도권 대기 질에 충남 서해안 화력발전소가 큰 영향을 끼친다는 사실도 알게 되어 체계적인 국내 배출원 관리의 필요성을 시사했다.[**]

KORUS-AQ는 특정 시기에 한정된 조사라는 한계점이 있다. 당시에 국내·국외 기여율을 분석한 결과, 서울에서 5~6월 사이 42일간 측정된 초미세먼지는 국내 기여율이 52퍼센트, 중국이 34퍼센트, 북한 9퍼센트, 나머지는 일본 등 기타로 나타났다. 대기오염 물질은 햇빛과 반응해 오존과 초미세먼지로 바뀌는데, KORUS-AQ 연구진은 이러한 반응이 집중적으로 일어나는 시기를 조사 기간으로 선택했다. 국내 오염원이 분석 대상이므로 국외 기여율을 최대한 배제할 필요도 있었다. 가장 적합한 시기가 한반도에 주로 남서풍이 부는 5~6월이었다.

* O_3. 질소산화물과 휘발성 유기화합물 등이 자외선과 광화학 반응을 일으켜 생성된 물질로서, 2차 대기오염 물질에 속한다. 오존에 반복 노출되면 메스꺼움, 소화 불량 등 건강에 영향을 미치며, 심하게는 기관지염, 심장 질환, 천식 등을 악화시킬 수 있다. 농작물에도 직접적인 피해를 준다.

** 환경부, 「한·미 공동 연구 결과, 미세먼지 국내 영향 52퍼센트…… 국외보다 높아」, 보도자료, 2017. 7. 19.

만일 북서 계절풍이 부는 늦가을에서 이른 봄 사이에 조사했다면, 국내·국외 기여율이 다르게 나왔을 수 있다. 따라서 미세먼지는 국내·국외 기여율을 단순히 비교할 것이 아니라, 기상학적 요인까지 입체적으로 고려해야 하는, 즉 과학 연구가 필요한 복잡한 사안이다.

02 미세먼지란 무엇인가

공기 중에 떠 있다

먼지 묻은 옷을 털거나 집안 청소를 할 때처럼 일상에서 흔히 접하는 먼지는 우리 눈에 보이는 존재다. 사람의 눈으로 볼 수 있는 최소 크기가 약 0.1밀리미터이므로 이런 먼지들은 0.1밀리미터보다 크다고 할 수 있다. 그렇다면 미세먼지는 얼마나 작기에 '미세'라는 말이 붙은 걸까.

미세먼지의 크기는 보통 마이크로미터 단위로 나타낸다. 1마이크로미터는 1미터의 100만 분의 1이라는 뜻이다. 다시 말해 1밀리미터의 1,000분의 1에 해당한다. 당연히 미세먼지는 눈에 보이지 않는다. 눈으로 볼 수 있는 최소 크기인 0.1밀리미터보다 10배 작으면 0.01밀리미터가 되고, 이를 마이크로미터로 환산하면 10마이크로미터가 된다. 바로 이 10마이크로미터보다 작은 먼지를 미세먼지라 하며, PM_{10}으로 표기한다. 한편 2.5마이크로미터보다 작으면 초미세먼지라고 부르며, $PM_{2.5}$로 표기한다. 미세먼지는 영어권에서 입자상 물질particulate matter이라고 부르기 때문에, PM이라고 줄여 표기하는 것이다.

미세먼지는 매우 가벼울 수밖에 없다. 그렇다면 미세먼지는 어떻게 해서 공중에 떠 있을 수 있을까? 미세먼지는 다양한 모양을 갖지만, 이해를 위해 정육면체로 가정해보자. 그렇다면 앞에서 말한 미세먼지의 크기는 정육면체 한 변의 길이에 해당한다. 정육면체 부피(가로×세로×높이)는 한 변 길이의 세제곱이므로, 미세먼지의 부피 역시 크기의 세제곱에 비례한다고 할 수 있다. 또한 먼지의 무게는 부피에 비례하고, 뉴턴의 제2법칙에 의해 중력은 무게에 비례한다.

뉴턴의 제2법칙

중력F_g은 물질에 중력가속도가 작용하는 힘을 의미한다. $F=ma$, 즉 F(힘)는 m(질량)에 a(가속도)를 곱한 것과 같다는 뉴턴의 제2법칙을 적용해 중력을 표현하면 $F_g=mg$가 된다. 이때 g는 중력가속도를 나타낸다. 지구의 중력가속도는 9.8m/s^{2}으로 일정하다. 중력은 물질의 무게(질량)에 비례한다고 할 수 있다.

이를 종합하면, 정육면체 미세먼지에 작용하는 중력은 먼지 크기의 세제곱에 비례한다고 할 수 있다. 크기가 10배 커지면 중력은 1,000배 커져서 바닥에 빨리 가라앉는 것이다. 반대로 크기가 10분의 1로 작아지면 그만큼 오랫동안 떠 있게 된다. 실제로는 약 100배 이상 오래 떠 있기도 한다. 이처럼 쉽

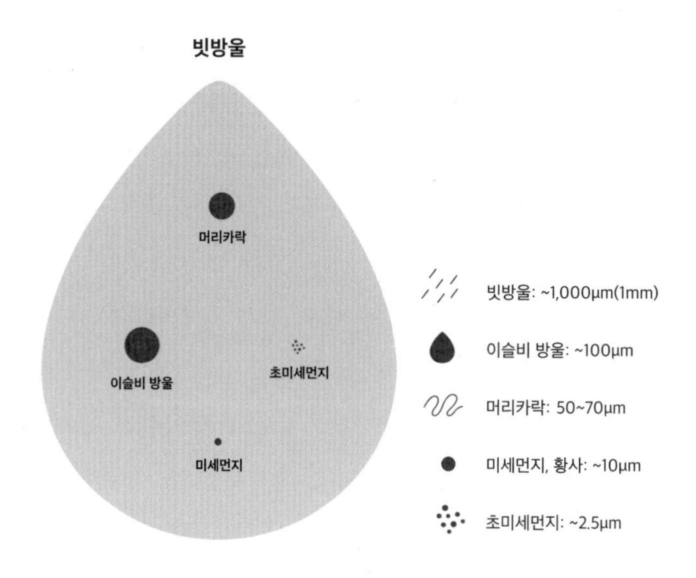

그림 1-2. 크기에 따른 먼지의 구분

게 가라앉지 않고 오래 떠 있는 것이 미세먼지의 대표적인 속성이다.

대기오염 물질은 대기오염의 원인으로 인정된 가스상·입자상 물질로서, 미세먼지는 입자상 물질에 해당한다. 호흡을 통해 몸속에 침투하는 미세먼지는 눈에 보이지 않을 만큼 아주 작은데, 작을수록 오래 떠 있기 때문에 그만큼 들이마실 확률도 높아진다. 미세먼지는 검댕*과 같은 고체가 대부분이지만,

* black carbon. 화석연료, 나무 등이 불완전연소를 하면서 생기는 그을음이다. 지구온난화에 영향을 주는 물질이기도 하다.

스프레이 같은 액체 상태도 있다. 미세먼지를 제외한 대부분의 대기오염 물질(일산화탄소^{CO}, 질소산화물^{NOx}, 황산화물^{SOx}, 휘발성 유기화합물* 등)은 기체 상태다.

생성에서 소멸까지

미세먼지는 생명력이 없는 아주 작은 물질이지만, 마치 살아 있는 생명체처럼 다양한 모습으로 우리 앞에 나타났다가 사라진다. 미세먼지도 생성-이동-성장-소멸이라는 단계를 거치는 것이다. 미세먼지는 발전소, 제철소 같은 사업장 굴뚝이나 경유차 배기관, 고깃집 등에서 대기로 배출된다. 화산 폭발이나 산불, 해안가의 파도 같은 자연현상으로도 미세먼지가 생겨난다.

처음에는 기체 상태의 대기오염 물질이었다가 나중에 미세먼지로 바뀌는 경우도 있다. 질소산화물과 휘발성 유기화합물 같은 유해가스는 햇빛을 받으면 광화학반응**을 일으켜, 미세먼지와 오존을 만들어낸다. 여름철 햇빛이 강할 때 오존 농도가 높아져 120피피비***를 넘어서면 오존 주의보가 발령된다.

* volatile organic compounds, VOCs. 끓는점이 낮아서 대기 중으로 쉽게 증발되는 액체 또는 기체상 유기화합물을 총칭하는 말. 식물, 토양, 바다 등에서 자연적으로 방출되는 생물 유래 휘발성 유기화합물, 화석연료의 연소나 자동차 배기가스 배출 같은 인간 활동으로 방출되는 인위적 휘발성 유기화합물로 구분할 수 있다.

** 물질이 빛을 쬐어 빛 에너지를 흡수하면서 일어나는 화학반응을 가리킨다. 2부 2장 참조.

또 다른 대기오염 물질인 이산화황SO_2은 습한 상태에서 반응할 경우, 황산염SO_4^{2-}이라는 이온* 상태의 미세먼지로 변한다. 겨울철 아침에 황 함량이 높은 석탄을 태워 고농도로 배출된 이산화황이 안개와 만나면, 유해한 미세먼지가 다량으로 생겨난다.

기체 상태의 오염 물질이 미세먼지로 바뀌는 현상은 최근 한국을 비롯한 동북아시아 지역에서 특히 문제가 되고 있다. 이 지역에서 겨울철과 봄철 빈번하게 발생하는 고농도 미세먼지의 주원인이기 때문이다. 하지만 아직은 적절한 대책을 찾기 어려운 상황이다. 미세먼지로 바뀌는 메커니즘이 정확히 규명되지 않아서인데, 다양한 연구를 통해 점차 밝혀나가는 단계에 있다.

대기 중으로 배출된 미세먼지는 공기를 타고 이동하게 되는데, 바람의 방향과 속력에 따라 이동하는 지역과 거리가 달라진다. 충남 서해안 석탄 화력발전소에서 배출된 미세먼지가 바람을 타고 수도권까지 영향을 미치기도 한다. 사막이 없는

*** ppb. 'parts per billion'의 약자로, 미량으로 함유된 물질의 농도를 나타내는 단위다. 1피피비는 부피가 1세제곱미터인 공기 속에 특정 기체가 10억 분의 1만큼 포함된 상태를 의미한다. 오존 농도가 120피피비라는 것은 공기 1세제곱미터 속에 오존 기체가 10억 분의 120만큼 포함되었다는 뜻이다. 100만 분의 1을 기준으로 농도를 나타내기도 하는데, 이때는 'parts per million'이라는 뜻을 가진 피피엠ppm을 단위로 쓴다. 따라서 1피피엠은 1,000피피비와 같다.

* 한 개 이상의 전자를 얻거나 잃어서 전하를 띠는 원자 또는 분자를 말한다.

1밀리미터 빗방울 사이로

1991년부터 2020년까지 30년간 기후 평년값에서 알 수 있듯, 우리나라 강수량은 7월에 가장 많고 12월에 가장 적다. 여름에는 연간 강수량의 50퍼센트 이상이 집중되어, 계절에 따른 강수량 차이가 매우 큰 편이다. 여름에는 비가 많이 오기도 하지만, 미세먼지의 농도 또한 낮은 편이다. 이를 두고, 강수량이 많아서 미세먼지 농도가 크게 낮아진다고 알고 있는 사람이 많다.

물론 비가 내리면 대기 중 오염 물질이 씻겨 내려가 공기가 깨끗해지는 효과는 있다. 하지만 미세먼지는 그 크기가 머리카락 지름의 20~30분의 1 수준으로, 보이지 않을 만큼 작을뿐더러 대기 중에 매우 많다. 반면 빗방울은 굵기가 1밀리미터 정도여서, 눈에 보일 만큼 크다. 자세히 보면 빗방울의 간격도 꽤 넓다. 미세먼지를 어느 정도 씻어내려면 강수량이 매우 많아야 하는 것이다.

'비 사이로 막 가는' 것이 미세먼지라고 할 수 있다. 미세먼지는 빗방울과 충돌해야 제거되는데, 이슬비 정도로는 충돌 확률이 매우 낮다. 특히 고농도 미세먼지 현상이 잦은 데다 강수량마저 적은 겨울과 봄에는, 비가 내려서 미세먼지가 해소되리라 기대하기 어려운 것이 현실이다.

우리나라가 중국이나 몽골에서 발생한 황사를 경험하는 것처럼, 미세먼지나 대기오염 물질도 바람을 타고 먼 거리를 이동할 수 있다.

미세먼지는 바람과 함께 이동하다가 결국은 땅에 내려앉는다. 비 오는 날에는 빗물에 씻겨 사라지기도 한다. 비가 많이 내리는 여름철 미세먼지 농도가 낮은 이유 중 하나다. 하지만 미세먼지가 빗방울과 충돌할 확률은 생각보다 낮다. 미세먼지는 크기 1밀리미터 남짓의 빗방울보다 수백 배 작은 마이크로미터 수준인데, 빗방울 사이의 간격이 꽤 넓기 때문이다. 따라서 미세먼지를 어느 정도 씻어내려면 비가 매우 많이 와야 한다. 인공강우로 대기 중 미세먼지를 줄이는 것도 어려운 일이다.

물리·화학적 특성

미세먼지는 매우 작아도 하나하나 개수를 셀 수 있다. 또한 표면적을 추정해서 구하거나, 필터에 공기를 통과시켜 포획한 미세먼지의 양을 무게로 나타낼 수도 있다. 이렇듯 개수, 표면적, 무게뿐만 아니라 모양, 밀도, 확산, 응집, 빛의 소산, 전기적 이동도, 상, 점성, 흡습성 등을 일컬어 미세먼지의 물리적 특성이라고 한다.*

* 응집coagulation은 입자들이 한군데 뭉쳐 있는 현상이다. 소산extinction은 빛 에너지가 흩어지는 것을 뜻한다. 일반적으로 빛의 감쇠와 같은 의미로 사용된다. 전기적 이동도electrical mobility는 미세먼지가 공기 중의 이온과 충돌해 양

이 중 대표적인 것은 크기다. 앞서 설명했듯 10마이크로미터보다 작은 먼지를 미세먼지, 2.5마이크로미터보다 작으면 초미세먼지라고 부른다. 경유 차에서 배출하는 디젤 입자도 초미세먼지에 해당하지만, 0.1마이크로미터보다 작아 별도로 극미세 입자ultrafine particle라고 부르기도 한다.

대기 질 예보에서 흔히 접하는 미세먼지 농도가 바로 물리적 특성을 이용해 측정한 값이다. 미세먼지 농도는 일정 부피의 공기에 포함된 미세먼지의 양으로 정의할 수 있다. 이를 물리적 특성인 질량 또는 개수로 나타낸다. 비유하자면 과일의 가격을 매기는 기준이 무게일 때도, 개수일 때도 있는 것과 마찬가지다. 따라서 미세먼지 농도에는 질량 농도(무게 농도)와 개수 농도가 있다.

우리나라에서는 주로 질량 농도를 사용한다. 대기 질 기준도 질량 농도로 나타내고 있다. 이때 단위는 공기의 단위 부피(1세제곱미터)당 미세먼지의 질량(마이크로그램)을 의미하는 $\mu g/m^3$을 쓴다. 반면 개수 농도는 단위 부피(1세제곱센티미터)당 미세먼지의 개수로 정의된다. 입자particle의 개수라는 뜻에서 개수 농도의 단위를 particles/cm^3로 나타낸다.

그렇지만 초미세먼지처럼 크기가 비교적 작은 미세먼지의 농도를 파악하는 데는 개수 농도가 중요할 수 있다. 같은 미

(+)전하나 음(-)전하를 띠게 되면 주변 전기장에 반응하면서 매질을 통해 이동하는 성질을 뜻한다. 상phase은 고체, 액체, 기체 등 물질의 상태를 뜻한다.

세먼지라도 크기는 제각기 다른데, 질량은 대체로 크기에 비례하기 때문에 질량 농도만으로는 실제 얼마나 많은 미세먼지가 있는지 정확히 나타내지 못할 수 있다. 똑같은 질량 농도라도, 어떤 크기의 미세먼지가 많은지에 따라 단위 부피당 미세먼지의 입자 수가 확연히 달라진다.

예를 들어 미세먼지와 초미세먼지의 질량 농도가 모두 1세제곱미터당 20마이크로그램으로 같다면, 단위 부피당 미세먼지 개수는 초미세먼지가 미세먼지보다 훨씬 많을 것이다. 즉 질량 농도가 같아도 초미세먼지로 채워진 공기의 개수 농도가 더 높고, 그만큼 유해성이 높다. 미세먼지는 작을수록 체내에 침투하기 쉽고 유해해서, 전문가들은 미세먼지의 위해성을 따질 때 개수 농도가 중요하다는 입장을 내놓기도 한다.

이러한 이유로, 경유 차의 배기가스는 미세먼지의 질량과 입자 수를 함께 규제하고 있다. 경유 차는 0.1마이크로미터보다 크기가 작은 디젤 입자를 많이 배출하기 때문이다. 다만 실효성 있는 규제를 위해 단위 부피가 아니라 주행거리를 기준으로, 미세먼지의 질량 농도(μg/km) 및 개수 농도(particles/km) 배출 허용치를 정해놓았다. 유럽에서는 1킬로미터당 미세먼지 600억 개 이하로 낮춰 자동차를 판매하도록 규제하고 있다.

한편 미세먼지의 화학 성분도 변수가 된다. 미세먼지는 다양한 화학 성분으로 이뤄진 복합 물질이다. 화학 성분에 따라 인체에 미치는 독성이 달라진다. 화학 성분의 구성은 미세먼지의 크기, 공간적 위치(배출원의 영향), 물리·화학적 반응, 노화의 정도 등에 따라 달라진다. 하지만 화학 성분마다 독성에 어떠한 차이가 있는지에 대해서는 과학적 근거가 매우 부족한 실정이다.

미세먼지를 구성하는 화학 성분은 크게 이온(황산염, 질산염 NO_3^-, 암모늄 NH_4^+), 유기 탄소, 원소 탄소로 분류된다.* 철 Fe, 아연 Zn, 구리 Cu 같은 미량 금속도 포함될 수 있다. 이 중 유기 탄소에는 아직 특성이 규명되지 않은 성분이 많다. 하지만 화학분석 기술의 발전에 따라 이를 점차 밝혀나가고 있다. 유기 탄소 가운데 다환 방향족탄화수소**라는 물질은 미량으로도 암을 일으킬 수 있는 물질로 알려져 있다. 원소 탄소는 흔히 검댕이라고 불리는 성분인데, 태양 빛을 잘 흡수하는 성질이 있어 지구온난화를 일으킨다.

미세먼지의 대부분은 생물학적 특성이 없는 무생물이다. 이

* 유기 탄소organic carbon는 유기체성 탄소라는 뜻으로, 생물이 만들어낸 탄소화합물을 말한다. 메테인, 석탄, 흑연이 유기 탄소에 해당한다. 동식물의 사체를 이루는 탄소화합물 또한 유기 탄소로 분류된다. 화석연료나 산업 공정, 생물성 연소 등 다양한 배출원에서 생성된다. 원소 탄소elemental carbon는 수소를 포함하지 않는 탄소화합물이다. 무기 탄소라고도 한다. 일산화탄소, 이산화탄소, 이황화탄소, 광물질 등이 원소 탄소에 해당한다. 주로 숯, 검댕 같은 탄소 배출원에서 직접 배출되거나, 디젤 차량 등 내연기관의 불완전연소 과정에서 생성된다.

** polycyclic aromatic hydrocarbons. 둘 이상의 방향족 고리로 연결되어 있는 유기화합물이다. 유기물의 불완전연소 과정에서 생성되며, 인체나 환경에 악영향을 끼치는 주요 오염 물질 중 하나다.

를 학술적으로 에어로졸aerosol이라고 부른다. 반면 일부 미세먼지에는 적은 양이지만 살아 있는 미생물이 포함되어 있다. 이를 에어로졸과 구분해 '바이오 에어로졸bioaerosol'이라고 부른다. 세균, 곰팡이, 바이러스가 대표적이다. 이들 가운데 일부는 10마이크로미터보다 작아 공기 중에 떠다니면서 미세먼지가 된다.

가시거리와 미세먼지

무지개는 공기 중에 떠 있는 수많은 물방울에 햇빛이 굴절, 반사, 분산되면서 다양한 빛깔이 나타나는 기상학적 현상이다. 물방울이 일종의 프리즘 역할을 하는 것이다. 공기 중에는 물방울뿐만 아니라 매우 많은 미세먼지가 떠 있다. 미세먼지도 물방울처럼 빛을 산란시키거나 흡수하는 특성이 있다.

미세먼지 간이 측정기는 이런 광학적 특성을 이용해 미세먼지의 농도를 측정하는 도구다. 일반인도 간편하게 미세먼지 농도를 측정하게끔 만들어진 비교적 저렴한 미세먼지 측정기다. '미세먼지 저감 및 관리에 관한 특별법' 제24조에 미세먼지 간이 측정기의 성능 인증에 관한 조항이 추가되면서, 2019년 8월부터 환경부에서 시중 미세먼지 간이 측정기의 성능을 평가하고 등급을 부여하는 성능 인증 제도가 도입됐다.

빛을 산란시키는 정도는 미세먼지의 크기에 따라 다르다. 그중 빛을 잘 산란시키는 먼지는 0.1~2마이크로미터 범위의 초미세먼지다. 초미세먼지가 증가하면 빛의 산란이 많아지면

바이오 에어로졸

미세먼지는 단일 물질이 아니라 복합 물질로서, 크기나 모양, 물성 같은 물리적 특성에 따라 구분할 수 있다. 또한 그 구성 성분이 일반적으로 이온 성분, 탄소 성분, 토양 성분, 중금속 등이기 때문에, 화학적 특성에 따라 미세먼지를 구분하기도 한다. 이온 성분은 황산염, 질산염, 암모늄 등을, 탄소 성분은 유기 탄소, 원소 탄소 등을 말한다. 토양 성분은 광물을 뜻한다.

대기 중을 떠다니는 세균(약 1마이크로미터), 곰팡이(수 마이크로미터), 바이러스(약 0.1마이크로미터), 꽃가루는 미세먼지의 속성을 갖는다. 따라서 미세먼지를 생물학적 특성으로 구분해 이들을 바이오 에어로졸로 부르는 것이다. 살아 있는 바이오 에어로졸은 공기 감염뿐만 아니라 천식, 알레르기, 독성 반응 등 다양한 형태로 건강을 위협할 수 있다.

바이오 에어로졸은 이같이 미세먼지의 특성에 미생물의 특성까지 더해졌다. 그런 만큼 이 둘을 함께 이해하는 것이 중요하다. 미세먼지 자체는 연구가 상당히 이루어져 전문가가 다수 있으며, 미생물에 관한 지식 또한 대학에서 많이 가르친다. 반면 이 둘이 결합된 바이오 에어로졸 연구는 2002~2003년 중증급성호흡기증후군 사스SARS 유행을 계기로 활발해지기는 했지만, 아직은 알려진 지식이 적은 편이다.

현재 정부는 실내공기질관리법으로 바이오 에어로졸을 관리하고 있다. 하지만 바이오 에어로졸에 대한 현장 포집, 배양, 분석은 전문성이 필요한 영역이다. 농도를 실시간 모니터링하며 관리·감독하기에는 아직 현실적인 어려움이 있다.

서 가시거리가 짧아진다. 가령 황사가 발생할 때 가시거리가 짧아지는 것도, 대부분은 대기 중 초미세먼지 농도가 함께 높아졌기 때문이다. 반대로, 황사가 와도 초미세먼지 농도는 그다지 높지 않을 때가 있다. 이런 날엔 파란 하늘을 볼 수 있다. 결국 초미세먼지의 광학적 특성이 가시거리를 결정하는 중요한 요소가 된다.

가시거리에 영향을 미치는 또 다른 대표적 인자로는 안개를 꼽을 수 있다. 안개는 기상 조건이 변하면서 기온이 낮아져 이슬점 온도에 도달할 때, 대기에 포함된 수증기가 물방울로 바뀌어 공기 중에 떠 있는 상태를 말한다. 스모그smog가 안개 속 물방울과 초미세먼지가 만나 일어나는 대기오염 현상이다. 스모그라는 용어 자체가 매연smoke과 안개fog의 합성어다. 스모그가 발생하는 날은 가시거리가 짧을 수밖에 없다.

이슬점dew point

공기 중에는 수증기가 포함될 수 있는 양이 한정되어 있다. 공기 1세제곱미터에 포함될 수 있는 최대 수증기량을 일컬어 포화 수증기량이라고 한다. 기온이 오를수록 포화 수증기량은 증가하며, 반대로 기온이 낮아질수록 포화 수증기량은 감소한다.

이때 포화 상태에서 수증기가 더 공급되면, 넘치는 양만큼 수증기가 물방울로 바뀌는 현상(응결)이 일어난다. 이처럼 불포화 상태의 공기가 포화 상태에 도달할 때까지 냉각되어 수증기가 응결하기 시작하는 온도를 이슬점이라고 한다.

가시거리는 눈에 보이는 곳까지의 거리라는 뜻으로, 기상학에서는 대기가 혼탁한 정도를 나타낸다. 가시거리가 짧고 시야가 흐려지면 항공기나 선박이 결항하거나 차량이 정체되는 등 일상생활에 불편을 초래한다. 가시거리는 대기 현상인 고농도 초미세먼지와 기상 현상인 안개의 영향을 받으므로, 가시거리가 짧고 시야가 뿌옇다면 해당 지역의 초미세먼지 농도를 확인해서 대기오염 상태를 파악할 필요가 있다.

크기를 측정하는 방법

미세먼지는 매우 작은 데다 모양이 일정하지 않아, 크기를 정확히 측정하기 어렵다. 형태가 불규칙해서 미세먼지의 어디를 전자현미경으로 보느냐에 따라 투영 면적이 달라진다. 크기를 최단 길이로 할지, 최장 길이로 할지 불분명한데, 보통은 여러 방향에서 얻은 측정값의 산술평균을 미세먼지의 크기로 간주하기도 한다. 그러나 이렇게 측정한 크기는 정확도가 떨어질 수밖에 없다.

따라서 미세먼지의 크기는 전자현미경으로 직접 측정하기보다는, 미세먼지의 물리적 특성을 이용해서 간접 측정을 하게 된다. 가령 빛을 산란시키는 특성이 있다. 모양이 불규칙한 실제 미세먼지와 둥근 공 모양의 입자가 산란시키는 빛의 양이 서로 같을 경우, 이 둥근 입자의 지름(입경)을 미세먼지의 크기로 추정하는 방식이다. 이를 광학 등가 입경optical equivalent diameter이라고 부른다.

이 방식으로 크기를 구하려면 우선 실험실에서 공 모양으로 만든 표준 입자가 필요하다. 표준 입자는 구형이므로 빛의 산란 정도가 일정해, 이를 기준으로 삼는다. 그리고 실제 미세먼지에 레이저를 쏘아 산란되는 빛의 양을 측정한 후, 그 결과를 표준 입자의 그것과 크기별로 비교한다. 미세먼지가 산란시킨 빛의 양과 정확히 일치할 때의 표준 입자 지름이 바로 미세먼지의 크기가 된다.

미세먼지 크기를 정하는 또 다른 방법으로는 미세먼지의 낙하 속도 측정이 있다. 여기에는 미리 약속된 두 가지 가정이 필요하다. 첫째로 미세먼지 입자는 구형이라는 것, 둘째로 미세먼지의 밀도는 물의 밀도와 똑같이 1세제곱센티미터당 1그램이라는 것이다. 이 가정하에 공기에 떠 있는 실제 미세먼지의 낙하 속도를 측정하게 된다.

낙하하는 동안 중력과 부력, 공기 마찰력이 가해지는 입자의 운동방정식으로 낙하 속도를 측정하면, 구형 입자의 지름을 환산할 수 있다. 이렇게 구한 미세먼지의 크기를 일컬어 공기역학적 입경aerodynamic diameter이라고 한다. 입자의 크기에 따라 초미세먼지나 미세먼지로 구분 할 때 사용하는 기준이 바로 공기역학적 입경이다. 대기오염학에서 분진*의 크기를 산정할 때도 이 방법을 주로 이용한다.

* 공기 중에 떠다니는 모든 고체 상태의 물질을 통칭하는 용어.

03 우리 몸이 미세먼지를 만나면

스모그, 대기오염의 흑역사

18세기 영국의 증기기관 발명은 1차 산업혁명을 촉발했다. 산업혁명은 벨기에, 프랑스, 독일을 넘어 미국, 일본까지 이어졌다. 당시 증기기관은 석탄을 연료로 썼다. 석탄은 18~19세기 거의 모든 산업에서 핵심 에너지원이었다. 석탄 소비가 급증하면서 대기는 짙은 매연으로 가득 차기 시작했다. 산업혁명의 대가로 대기오염이라는 재해를 떠안게 된 것이다. 20세기에 접어들자 대규모 인명 피해를 낳은 스모그 사건이 유럽과 미국에서 벌어졌다.

대표적으로 뫼즈 계곡 스모그 사건은 1930년 12월 1일부터 닷새 동안 63명의 사망자를 냈다. 벨기에 동부 리에주 인근의 뫼즈 계곡 일대에서는 석탄을 연료로 쓰는 제철소와 아연 공장 등이 가동되고 있었다. 이 때문에 이산화황과 각종 오염 물질 배출이 크게 늘었다. 여기에 겨울철 기온역전층*으로 대기 정체까지 일어나, 협소한 계곡에 살던 주민들에게 스모그가 덮친 것이다.

1948년 도노라 스모그도 유사한 유형이었다. 미국 펜실베이니아주 남서부 머논가힐라강 유역에 위치한 도노라는 철강 생산지로 유명한 소도시였다. 그런데 석탄을 연료로 쓰는 각종 제철소와 아연 공장이 밀집한 이곳에 안개가 끼고 기온역전층까지 생기면서, 1948년 10월 27일부터 31일까지 극심한 스모그가 발생했다. 이 사건의 여파로 20명의 사망자가 발생했다.

1952년 12월 5일 영국 런던에서 발생한 스모그는 사망자가 무려 4,000여 명에 달했다. 석탄이 연소할 때 배출되는 황산화물이 안개와 결합해, 수소이온농도pH 2에 해당하는 강산성의 황산H_2SO_4 안개가 만들어지면서 빚어진 결과였다. 당시 런던 템스강 유역에도 제철소를 비롯한 각종 공장이 가동되고 있었다. 난방 연료 사용이 활발한 겨울인 데다, 기온역전 현상으로 심각한 대기 정체까지 겹쳤다. 가시거리가 채 1미터도 되지 않아 바로 앞사람도 구분하지 못할 만큼 극심한 스모그였다.

이러한 스모그들에는 공통점이 있었다. 강이나 계곡을 끼고 있어 안개가 발생하기 쉬운 곳에서, 석탄을 연료로 쓰는 공장

* 고도가 증가함에 따라 기온도 증가하는 대기층을 말한다. 대기가 매우 안정해 지표면에서 배출된 대기오염 물질이 확산되지 못하고 축적된다. 3부 1장 참조.

들이 가동되고 있었다는 것이다. 추운 날씨에 빈번히 발생하는 기온역전 현상으로 대기 정체가 일어나 고농도의 이산화황과 매연이 축적됐다. 이 상태에서 안개와 만나 맹독성 스모그가 형성되었다. 이렇게 발생한 스모그를 통칭해 '런던 스모그'라고 한다.

정말로 건강에 영향을 줄까

미세먼지는 우리의 삶과 직결된다. 미세먼지 농도가 높은 날은 시야가 뿌옇게 흐려져 비행기가 결항되기도 하고, 농작물이 광합성에 방해를 받아 농사에 피해를 입기도 한다. 또한 미세먼지 종류에 따라 대기를 냉각시키거나, 반대로 온실효과를 유발해 기후변화에도 영향을 미친다. 무엇보다 미세먼지는 우리 건강에 악영향을 줄 수 있다.

미세먼지는 사람이 호흡하는 과정에서 공기와 함께 몸속으로 들어간다. 비교적 큰 먼지는 코나 목에서 걸러지지만, 작은 먼지는 폐포까지 도달한다. 크기가 작을수록 인체 깊숙이 들어가는 것이다. 더구나 초미세먼지같이 작은 먼지는 인간의 활동 과정에서 만들어진 인위적인 오염 물질로서 상대적으로 독성이 강하다고 알려져 있다.

우리가 미세먼지에 관심을 갖는 것은, 미세먼지가 건강을 해칠 수 있기 때문이다. 미세먼지는 호흡기나 피부로 침투해 기저 질환을 악화시키거나 새로운 질환을 유발할 수 있다. 이에 따라 세계 각국은 시민의 건강을 지키기 위해 미세먼지 저감 정책을 펴고 있으며, 점차 초미세먼지처럼 크기가 작은 미세먼지에 집중하는 추세로 나아가고 있다.

미세먼지가 건강에 유해하다는 것은 자명한 사실이다. 미세먼지는 건강한 사람에게도 유해하지만 영·유아, 노인, 각종 질환자 등 면역이 약한 사람들에게는 더욱 위협적이다. 환경부가 이들을 미세먼지 민감군으로 분류하는 이유다. 미국 또한 미세먼지에 대해 민감·취약군의 건강 보호를 위한 1차 환경기준, 공공복지를 위한 2차 환경기준을 따로 두고 있다.

대기오염이 건강과 밀접한 관련이 있다는 조사 결과는 최근에도 꾸준히 발표되고 있다. WHO는 대기오염으로 인한 조기 사망자가 2016년 기준 매년 700만 명에 달하며, 실내 공기 오염으로는 380만 명, 실외 대기오염으로는 420만 명의 사망자가 발생했다는 조사 결과를 발표한 바 있다.*

세계기상기구WMO가 2021년 푸른 하늘의 날**을 맞아 첫 발간한 『대기 질과 기후 회보』에 따르면, 실외 대기오염에 의한 조기 사망자 수는 전 세계적으로 1990년 230만 명에서

* WHO, "Burden of disease from household air pollution for 2016," 2018; WHO, "Burden of disease from ambient air pollution for 2016," 2018; WHO, "Burden of disease from the joint effects of household and ambient air pollution for 2016," 2018.

** 정확한 명칭은 '푸른 하늘을 위한 세계 청정 대기의 날'이다. 매년 9월 7일로, 2019년 유엔이 지정한 기념일이다. 대기오염에 대한 경각심을 제고하는 한편 오염 저감과 청정 대기를 위한 노력, 국제 협력을 강화하자는 취지로 지정됐다. 우리나라가 제안해서 지정된 첫 유엔 공식 기념일이기도 하다.

화석연료와 대기오염

1985년, 서울의 대기오염을 줄인다는 명목으로 연탄 사용을 금지하는 조치가 시행된 적이 있다. 당시만 해도 연탄은 가정에서 난방이나 음식 조리에 가장 흔히 쓰이던 연료였다. 연탄은 무연탄(휘발성 물질이 적게 함유된 석탄의 일종)을 채굴해서 만드는데, 국토의 70퍼센트가 산지인 우리나라에는 태백산맥 등에 많은 무연탄이 매장되어 있었다. 연탄 사용 금지 정책과 더불어 저황유 공급, 액화천연가스 사용 의무화 등을 통해, 서울 지역의 이산화황 농도가 1981년 0.086피피엠에서 1991년 0.043피피엠으로 낮아지면서 당시 환경기준인 0.05피피엠을 처음 달성하게 되었다.

석탄, 석유 같은 화석연료를 사용하면 열을 비롯해 다양한 형태의 에너지를 얻을 수 있다. 특히 석유는 에너지를 만들어낼 뿐만 아니라, 우리 생활 거의 모든 곳에서 쓰이는 플라스틱 등의 원료가 된다. 이처럼 화석연료는 인간 문명에 이로운 존재이지만, 한편으로는 기후변화와 대기오염을 일으키는 양면성도 갖고 있다.

화석연료를 에너지원으로 사용하려면 연소 과정이 필요한데, 이때 온실가스인 이산화탄소가 배출된다. 화석연료에 포함된 탄화수소HC가 공기 중 산소와 만나 연소 반응이 일어나면, 이론적으로는 이산화탄소와 수증기가 만들어진다. 그러나 실제 연소 과정에서는 일산화탄소, 질소산화물, 매연도 발생한다. 온실가스는 물론 대기오염 물질이 함께 배출되는 것이다.

우리나라의 에너지원은 화석연료, 수력, 원자력, 신재생에너지원으로 구분된다. 이 가운데 화석연료에 해당하는 석탄, 석유, 천연가스가 2020년 기준 1차 에너지원 공급의 81.6퍼센트를 차지한다. 최종 에너지를 기준으로 해도 화석연료의 비중이 높은 편이다. 최종 에너지는 소비자가 연료로 사용하기 알맞게 공급되는 에너지를 말하며, 우리나라에서는 석탄, 석유, 액화천연가스, 전력, 열, 신재생 부문으로 분류된다. 여기서 화석연료에 해당하는 석탄, 석유, 액화천연가스가 2020년 기준 최종 에너지의 74.8퍼센트를 차지한다. 이는 우리나라에서 화석연료를 전기나 열에너지를 생산할 때 사용하기보다는, 1차 에너지 자체로 쓰이는 비중이 높다는 의미다.

1차 에너지, 최종 에너지

1차 에너지란 변환하거나 가공하지 않고 자연 상태에서 직접 얻을 수 있는 에너지원을 의미한다. 한편 최종 에너지란 사용하기에 알맞은 형태로 소비자에게 공급되는 에너지를 뜻한다. 1차 에너지가 직접 쓰일 경우에는 그 자체로 최종 에너지가 될 수 있으며, 가공·변환을 거쳐 다른 형태(열, 전기, 빛 등)의 에너지로 전환되는 '산출물'도 최종 에너지가 된다.

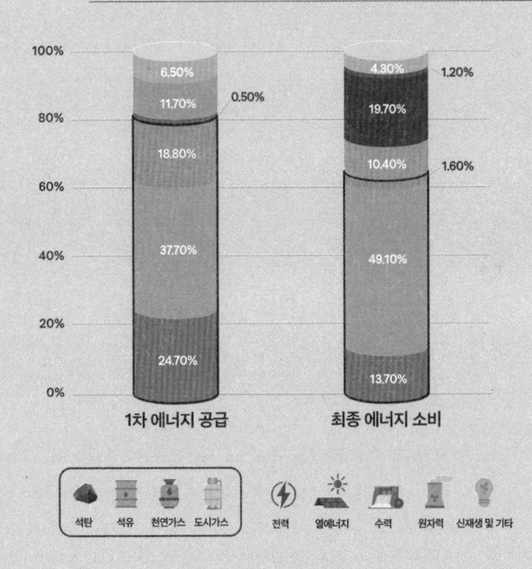

그림 1-3. 우리나라의 1차 에너지와 최종 에너지 소비에서 화석연료가 차지하는 비중

2019년 450만 명까지 두 배 가까이 늘었다. 같은 해 실내 공기 오염으로 인한 사망자 수는 230만 명으로 집계되어, 2019년 한 해 동안 총 680만 명이 대기오염에 의해 조기 사망한 것으로 조사됐다.[*] 대기오염은 조기 사망을 유발하는 세계 1위의 환경요인으로, 노출에 따른 건강 취약 요인을 고려해 인체 위해성에 기반한 미세먼지 관리가 앞으로 더욱 중요해질 것이다.

1급 발암물질

WHO는 건강을 위협하는 5대 요인으로 흡연, 대기오염, 건강하지 않은 식습관, 음주, 신체 무활동을 선정했다. 이 중에서도 첫번째를 흡연, 두번째를 대기오염으로 꼽고 있다.[**] 미국 건강영향연구소는 전 세계 사망 원인 가운데 중요한 위험요소로 고혈압, 담배, 식습관 다음에 대기오염을 선정한 바 있다.[***]

WHO 산하 국제암연구소는 발암물질을 암 유발의 확실성에 따라 네 그룹으로 구분하고 있다. 암을 일으키는 분명하고 충분한 역학적 자료가 있는 물질은 1군, 발암성이 있다고 추정되는 물질은 2A군, 발암 가능성이 있는 물질을 2B군, 아직 발

* WMO, "WMO Air Quality and Climate Bulletin," 2021.

** Health Effects Institute, "State of Global Air 2020," 2021.

*** WHO EURO, "Noncommunicable diseases and air pollution: WHO European high-level conference on noncommunicable diseases," 2019.

미세먼지 민감군

미세먼지가 건강을 해칠 수 있다는 사실은 널리 알려져 있다. 임신부나 영·유아, 어린이, 노인, 심뇌혈관 질환자, 호흡기·알레르기질환자는 건강한 일반 성인보다 미세먼지에 취약하다. 이처럼 미세먼지에 노출될 경우 건강을 더욱 크게 위협받는 사람들을 미세먼지 민감군이라고 부른다.

신체 발달이 미성숙한 영·유아나 어린이는 면역력이 완성되지 않은 탓에, 미세먼지의 영향을 크게 받는다. 폐가 아직 완전하게 발달하지 않아 성인보다 더 많이 호흡하기 때문에 대기오염 물질을 그만큼 많이 흡입할 뿐 아니라, 기도가 짧아 오염 물질이 폐 조직까지 빠르게 도달한다.

임신부가 미세먼지에 노출될 경우에는 유산이나 조산을 일으키거나, 태아 발달에 영향을 주어 유전적 이상 또는 기형 확률을 높일 수 있다. 태아의 성장 지연이나 저체중을 유발하기도 한다. 심뇌혈관, 호흡기, 알레르기질환자는 기존 증상이 악화될 수 있어 주의가 필요하다. 노령층은 만성질환자가 많고, 건강하더라도 독성 물질 제거나 회복 능력이 젊은 층보다 약한 편이다.

질병관리청은 대한의학회와 함께 민감군 상세 건강 수칙을 마련했다. 미세먼지 농도가 '나쁨'인 날에는 실외 활동을 자제하고, '매우 나쁨'인 날에는 실외 활동을 아예 삼갈 것을 권장하고 있다. 따라서 미세먼지 민감군은 외출 전에 미세먼지 예보를 확인할 필요가 있다. 민감군별 건강 수칙은 질병관리청 홈페이지에서 제공하고 있다.

암물질로 분류하기 어려운 물질을 3군으로 규정한다.

국제암연구소는 1988년 디젤엔진 배기가스를 2A군 발암물질로 규정했다가 2012년 6월, 1군 발암물질로 변경했다. 이는 과거보다 배기가스의 독성이 강해진 것이 아니라, 20여 년 동안 충분한 과학적 근거가 축적됐기 때문이다. 이처럼 1군 발암물질은 연구 결과를 철저히 검증해 암을 일으키는 것이 확실한 물질로 밝혀질 때 지정된다.

이 연구소는 2013년 세계 각국의 1,000여 개 연구 결과를 근거로, 대기오염과 암 발병의 상관성이 충분하다고 인정해 대기오염outdoor air pollution을 112번째 1군 발암물질로 지정했다. 또한 실외 대기오염의 주성분인 미세먼지particulate matter를 별도로 평가해 113번째 발암물질로 지정했다. 의학 연구에서 미세먼지와 심장 질환, 폐 질환, 폐암, 뇌혈관 질환의 상관관계가 이미 밝혀졌다. 미세먼지를 발암물질로 지정했을 당시 역학 연구에 따르면, 최근 몇 년 동안 인구가 많고 급격하게 산업화된 국가에서 미세먼지 노출 수준이 크게 증가했다. 2010년 자료에 의하면, 전 세계적으로 22만 3,000명이 대기오염으로 인한 폐암으로 사망했다. 미세먼지를 구성하는 황산염, 질산염, 광물 같은 화학 성분이 암을 유발한다는 연구 결과는 이후에도 꾸준히 발표되고 있다.

미국 환경보호청EPA을 비롯한 여러 기관이 발표한 연구 결과를 종합하면 다음과 같다. 미세먼지에 장기간 노출되거나, 단기간이더라도 고농도로 노출될 경우에는 신체 곳곳에 질환을 유발할 수 있다는 것이다. 미세먼지가 코로 들어오면 알레르기성비염을 일으킨다. 기관지에서는 기관지염, 폐기종, 천식을, 폐에서는 폐포를 손상시키고 염증 반응을 일으켜 기침, 천식 증상을 악화시키거나, 폐렴, 폐암, 폐성장 장애 등을 일으킬 수 있다.

한편 미세먼지는 눈으로도 들어가 망막 미세혈관을 손상시키거나, 통증, 이물감, 가려움증을 동반한 알레르기 결막염, 안구건조증을 일으킬 수 있다. 피부에 닿으면 가려움이나 따가움을 동반한 피부 알레르기, 아토피피부염이 생긴다. 이뿐만이 아니다. 미세먼지가 심장에 들어가면 허혈성심질환, 심근경색, 심부전, 심부정맥을 일으킬 수 있고, 뇌에서는 뇌졸중, 신경 발달 장애, 알츠하이머를 유발할 수 있다. 고혈압, 당뇨, 조산, 미숙아 출생의 원인이 될 수 있다.

미세먼지는 정신 건강에도 영향을 줄 수 있다. 미세먼지 농도가 높은 날에는 대체로 실외 활동을 자제하면서 사람에 따라서 우울과 분노, 짜증이 늘기도 한다. 물론 단순히 기분 문제라는 것은 아니다. 몸속에 유입된 미세먼지가 염증 반응을 일으켜 산화 스트레스*가 높아지면, 행복 호르몬이라고 불리는 세로토닌의 분비가 줄어들어 우울증이나 불면증 같은 증상이 생겨날 수 있다.

* 체내에서 유해 산소가 급격히 증가하는 증상. 인체는 에너지 생성 과정(산화 과정)에서 유해 산소의 양을 자체 조절하는데, 유해 산소의 생성과 분해에 균형이 깨져 세포가 손상되는 상황을 일컬어 산화 스트레스라고 한다.

이처럼 미세먼지는 각종 질병을 유발할 수 있다. 2016년 OECD에 따르면, 현재의 대기오염 수준이 개선되지 않은 채 유지될 경우에는 2060년 대기오염으로 인한 사망자가 4~5초마다 한 명꼴로 발생해 연간 900만 명에 이를 것으로 예상되었다. 같은 연구 결과에서 OECD는 한국의 대기오염이 2010년 기준 인구 100만 명당 359명의 조기 사망을 유발했지만, 2060년이 되면 약 세 배가 늘어 1,109명 수준이 될 것으로 전망했다. 이는 조사 대상 25개국 가운데 가장 큰 증가 폭이다. OECD 회원국 중에서도 한국은 대기오염으로 인한 사망자가 가장 많이 늘어날 국가로 꼽혔다.* 이 밖에 인도, 중국, 우즈베키스탄도 비교적 큰 폭의 증가를 보일 것으로 예상됐다.

이처럼 암울한 예측이 나온 데는 급속한 고령화가 한 원인인 것으로 분석된다. 미세먼지에 취약한 노령 인구가 많아지면 의료비 증가와 노동생산성 감소 등으로 보건 부담이 늘어나고, 국가 경제 곳곳에 악영향을 주게 된다. 미세먼지를 비롯한 대기오염 문제에 보다 적극적인 대응이 필요한 시점인 것이다.

* OECD, "The economic consequences of outdoor air pollution," 2016.

국내산인가, 해외산인가, 그것이 문제다

최근 수년간 우리 국민들은 중국에서 유입되는 미세먼지에 큰 관심을 보였다. 하지만 중국발發 대기오염 물질이 우리나라 미세먼지 농도에 얼마나 영향을 끼치는지는 단편적으로 추정할 뿐이었다. 연구 주체나 관측 시기에 따라 큰 차이를 보여, 절대적인 수치로 나타내기에 어려움도 있었다. 미세먼지 농도는 반드시 배출량과 비례하지 않을뿐더러 대기 중의 복잡한 물리·화학적 과정의 결과이기 때문에, 중국발 대기오염 물질이 얼마나 영향을 주는지 알려면 보다 정량적인 분석이 필요했다.

대기 질 모델을 활용한 중국의 영향 정량화

이런 가운데 2017~2020년 아주대학교 김순태 교수 팀은 미세먼지의 국내외 기여도를 분석하는 연구를 수행한 바 있다. 김순태 교수 팀은 대기 질 모델*을 활용해 2012~2016년 우리나라 수도권 지역의 초미세먼지 농도를 모사했는데, 이때 대기 질 모델에 입력하는 중국발 대기오염 물질 배출량에 변화를 줄 때마다 우리나라의 초미세먼지 농도가 어떻게 변하는지 살펴봤다.

분석 결과, 수도권 초미세먼지에 중국이 미치는 영향은 연평균 약 43퍼센트에 달했다. 계절별로 조금씩 차이를 보였는데,

* Community Multi-scale Air Quality, CMAQ. 미국 환경보호청이 2000년에 개발한 3차원 대기 질 모델이다. 대상 지역을 격자로 구분하고, 각 격자에서의 대기오염 물질 배출량과 기상 모델의 결과를 활용해서 미세먼지가 반응에 의해 생성되는 정도, 바람에 의해 확산되는 정도를 계산한다.

봄, 여름, 가을, 겨울 수도권 초미세먼지의 1세제곱미터당 월평균 농도가 각각 40.9마이크로그램, 28.9마이크로그램, 26.1마이크로그램, 42.8마이크로그램인 상황에서, 중국의 영향은 20.2마이크로그램(50퍼센트), 13.6마이크로그램(47퍼센트), 10.1마이크로그램(39퍼센트), 16.3마이크로그램(38퍼센트)으로 파악됐다.

일평균 농도를 기준으로 봤을 때 초미세먼지 농도가 높아지는 날에는 계절과 상관없이 중국의 영향이 증가하는 패턴도 발견됐다. 연구진이 수도권 초미세먼지의 1세제곱미터당 농도를 10마이크로그램 단위로 구분해 분석한 결과, 초미세먼지 농도가 20마이크로그램 이하일 때에는 중국이 약 30퍼센트, 국내 50~60퍼센트로 나타나 중국의 기여도가 상대적으로 낮았지만, 50마이크로그램 이상 고농도일 경우에는 중국 기여도가 50퍼센트 수준까지 증가하는 것으로 나타났다. 연구진의 이 같은 정량적 분석 결과는, 추후 동북아 지역 초미세먼지 해결을 위한 국가 간 협의에서 과학적 근거로 활용될 수 있으리라 기대된다.

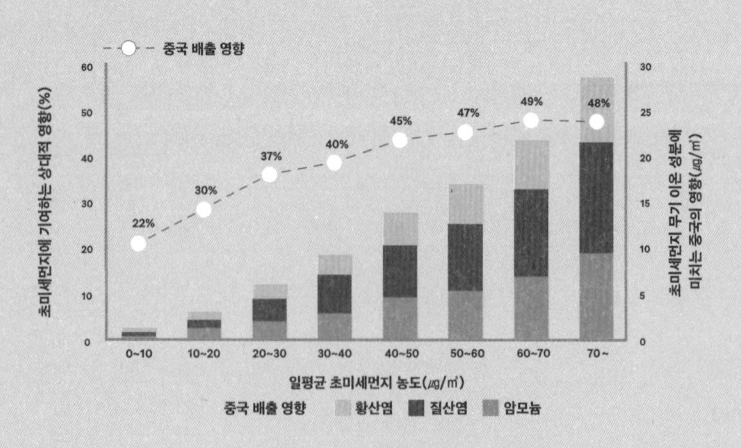

모델이 모의한 2012~2016년
수도권 지역 초미세먼지 농도 구간별 중국의 영향

국내 배출원의 미세먼지 기여도 측정

앞서 살펴봤듯 우리나라의 미세먼지는 국외 유입의 영향을 크게 받고 있지만, 현실적으로 국내 미세먼지 저감에 우선 집중할 필요가 있다. 국내에서 발생하는 미세먼지 농도를 낮추게 되면, 고농도 미세먼지 발생 시 국외 유입 미세먼지와의 시너지 효과를 억제할 수 있기 때문이다. 이에 김순태 교수 팀은 초미세먼지를 발생시키는 국내 배출원 기여도에 관한 분석도 함께 수행했다.

분석 대상은 대기정책지원시스템* 배출원 대분류 체계에 따른 13종 배출원이다. 먼저 연구진은 2019년 기준 국내 초미세먼지 농도에 가장 큰 영향을 미쳤던 배출원을 살펴봤다. 그 결과, 이산화질소NO_2 배출의 경우 도로 및 비도로 이동 오염원, 이산화황의 경우에는 제조업 연소 부문에서 초미세먼지 농도에 대한 기여도가 가장 컸다.

여기서 이산화질소는 미세먼지 이온 성분 중 하나인 질산염을 만들고, 이산화황은 황산염을 생성하는 대기오염 물질이다. 연구진은 13종 배출원별로 대기오염 물질 배출량이 미세먼지 농도에 미치는 영향도 살펴봤다. 분석 결과, 생산공정과 에너지산업 연소에서 배출되는 이산화질소는 배출량에 비해 질산염 생성량이 훨씬 많았다. 기타 면 오염원은 이산화질소 배출량은 적은 편이나, 질산염 생성량이 꽤 많았다. 제조업 연소 부문은 이산화황 배출량이 많은 배출원이면서, 황산염 생성량도 배출량에 비해 아주 많았다.

* Clean Air Policy Support System, CAPSS. 대기오염 물질 배출 목록에 근거한 대기오염 물질 배출 정보 종합 시스템이다. CAPSS는 점·면·이동 오염원에서 배출되는 아홉 가지 대기오염 물질(총부유먼지, 초미세먼지, 미세먼지, 황산화물, 질소산화물, 휘발성 유기화합물, 암모니아, 일산화탄소, 검댕) 배출량을 매년 산정해, 국가 대기오염 물질 배출량과 관련한 통계 정보를 제공한다.

이러한 연구 결과는, 배출량이 많으면서 초미세먼지 기여도가 높은 부문에 대기오염 물질 배출 관리를 우선 시행하는 등의 미세먼지 저감 정책에 활용될 수 있다. 즉 주요 오염원의 정량적 기여도 파악이 선행된다면 효율성 있는 미세먼지 관리 전략을 수립하는, 예컨대 배출 관리 정책의 타당성이나 우선순위를 결정하는 근거가 되고, 미세먼지 문제를 해결하는 데 필요한 사회적 비용도 절감할 수 있을 것이다.

내 머릿속의 미세먼지

미세먼지가 건강에 유해하다는 사실은 널리 알려져 있다. 공기에 바로 노출되는 호흡기나 피부에 악영향을 줄 뿐만 아니라, 몸속 구석구석 침투해 심장을 비롯한 여러 장기에도 손상을 줄 수 있다. 하지만 구체적으로 어떤 부위에서 어떻게 손상을 일으키는지 많은 연구가 이루어지고 있음에도 불구하고, 아직은 명확히 규명되지 않은 상황이다.

미세먼지에 노출된 생쥐의 뇌 변화 연구

뇌는 우리가 움직이고 느끼고 생각하는 모든 활동을 담당하기 때문에 신체에서 가장 중요한 기관이다. 최근에는 미세먼지가 뇌에도 악영향을 준다는 주장이 제기되고 있다. 이와 관련해 한국과학기술연구원 김윤경 박사 팀은 미세먼지가 뇌에 미치는 영향에 대해 2020년에 연구를 시작했다.

연구진은 1세제곱미터당 175마이크로그램 농도의 미세먼지에 노출시킨 실험군 생쥐와, 미세먼지에 노출시키지 않은 대조군 생쥐로 나눠 비교하는 방식을 썼다. 실험 결과, 미세먼지에 노출된 실험군에서 운동 능력 감소와 불안 증세가 나타났고, 뇌 염증 반응과 치매를 유발할 수 있는 뇌신경 퇴행이 증가하는 현상을 보였다. 미세먼지가 뇌에 영향을 준다는 사실이 확인된 것이다. 2022년까지 3년간 지속된 이 연구는 장·단기간 미세먼지 노출에 따른 인지 행동의 변화를 파악해 치매, 우울증 등에서 보이는 뇌신경 교란에 미세먼지가 어떠한 영향을 미치는지 그 상관성을 분석하고 있다.

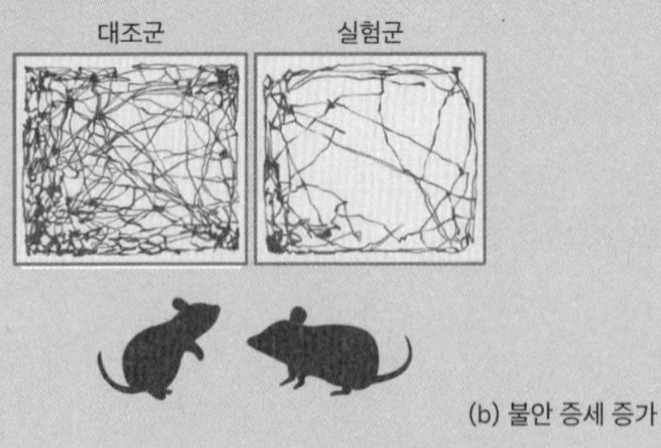

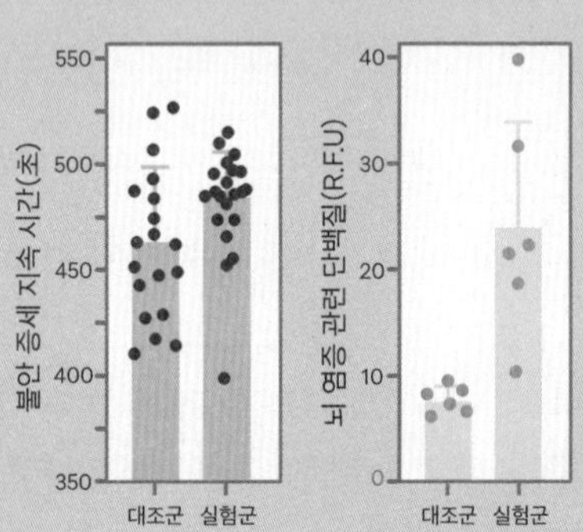

미세먼지 노출 생쥐 실험 결과

미세먼지에 노출되지 않은 대조군 쥐에 비해 미세먼지에 노출된 실험군 쥐는 움직임이 현저히 줄어들어 운동 능력이 감소했다. 또한 불안 행동을 보이는 빈도가 높고, 뇌 염증 반응이 증가했다.

미세먼지 내 다차원 탄소 입자가 미세먼지 구조에 따라 달라지는 뇌 건강 영향

미세먼지는 호흡기나 점막 등을 통해 인체로 흡수된다. 이 중 호흡기로 흡입된 미세먼지는 뇌까지 도달할 수 있다. 하지만 뇌는 다른 신체 기관과는 대조적으로, 외부에서 침투한 오염 물질을 배출하기 어렵다는 특성이 있다. 실제로 미세먼지가 심각한 지역에서 숨진 사람들의 뇌를 부검했더니, 뇌 조직 안에서 미세먼지 입자가 발견됐다는 해외 연구 결과들도 있다. 국내에서는 한국과학기술연구원 소속 이효진 박사, 김기훈 박사, 김홍남 박사로 구성된 연구 팀이, 미세먼지 성분 중 가장 큰 비율을 차지하는 탄소 입자가 뇌신경세포 기능에 미치는 영향에 대해 2020년 1월부터 2021년 12월까지 연구를 수행했다.

연구진은 대기 중의 탄소가 다양한 차원의 구조를 갖는다는 점에 착안해, 미세먼지 구조에 따라 뇌에 가해지는 기능적 영향이 어떻게 다른지 살펴봤다. 연구진은 우선 미세먼지와 유사한 탄소 나노 재료를 합성해 점(0차원), 선(1차원), 면(2차원), 입체(3차원) 등 다양한 형태의 입자를 만들었다. 또한 치매의 원인 물질 중 하나인 아밀로이드 베타라는 물질을 준비했다. 퇴행성 뇌 질환을 겪는 경우, 뇌에 유입된 미세먼지가 뇌 기능에 끼치는 악영향이 정상인보다 클 수 있는지 확인하기 위해서다.

연구진은 뇌신경세포 배양액에 국내 초미세먼지 나쁨 기준에 해당하는 1세제곱미터당 50마이크로그램 농도의 탄소 입자를 넣고, 아밀로이드 베타를 첨가한 뒤 신경전달물질의 변화를 분석했다. 그 결과, 저차원(0차원) 탄소 입자에서는 별다른 반응이 없었지만 고차원(3차원) 탄소 입자에서는 비정상적인 세포 반응을 보였다. 같은 탄소 성분의 미세먼지라도 구조에 따라 질병 원인 물질(아밀로이드 베타)과의 상호작용, 즉 인체에 미치는 영향이 다르다는 사실이 확인된 것이다.

구체적으로 살펴보면, 3차원 탄소 입자에 단기간(72시간 이내) 노출되는 것만으로도 세포가 비정상적으로 활성화되어 신경전달물질을 과도하게 분비했고, 장기간(14일) 노출될 때에는 신경세포가 사멸하는 것이 관찰됐다. 신경세포가 사멸하면 기억을 잃거나 인지 장애가 발생해, 치매로 이어질 수 있다. 이는 미세먼지가 정상인보다 퇴행성 뇌 질환 환자에게 더욱 치명적으로 작용할 수 있음을 의미한다.

3차원 탄소 입자는 우리나라에서는 꽤 흔한 형태의 미세먼지 성분이다. 대표적으로 디젤 자동차에서 뿜어져 나오는 탄소를 예로 들 수 있다. 연구진은 이번 연구 결과를 바탕으로 뇌 질환 동물 모델을 도입, 미세먼지가 미치는 영향을 신경학적·운동학적으로 분석하고, 나아가 유전학적 분석까지 거쳐 미세먼지가 뇌 신호체계에 미치는 영향을 보다 정밀히 규명하는 후속 연구를 이어갈 계획이다.

2부

우리 주변의 미세먼지

01 미세먼지가 생겨나는 곳

미세먼지는 어디에나 있다

우리는 뿌연 하늘을 보면서 미세먼지를 실감한다. 도시에서는 자동차들이 배기가스를 내뿜고, 주유소와 인쇄소, 세탁소, 식당 같은 작은 가게에서도 대기오염 물질을 배출한다. 주택에서는 음식 조리 과정에서 생긴 오염 물질이 주방의 레인지 후드를 통해 밖으로 배출되고 있다. 고기를 구울 때 나는 연기에서도 미세먼지가 발생한다.

발전소에는 매우 큰 굴뚝이 있다. 이 굴뚝의 내부 대기오염 방지 시설을 통과해서 오염 물질이 대기로 배출된다. 제철소, 시멘트 공장 같은 사업장에서도 크고 작은 굴뚝을 통해 배기가스가 배출된다. 농촌에서는 가축이나 농작물을 기르는 과정에서 암모니아NH_3가 배출된다. 농기계를 사용할 때도 다량의 배기가스가 주위를 오염시킨다.

해안 지역에서는 해염 입자가 떠다닌다. 이때 해염 입자란 파도가 칠 때 생기는 물거품과 함께 염분이 섞여 날리는 입자를 가리킨다. 크기가 작은 해염 입자라도 미세먼지에 해당한다. 제주도는 공기 중에 해염 입자가 내륙 지역보다 많이 포함되어 있다. 이처럼 미세먼지의 양과 성분은 지역별로 제각기 달라도, 미세먼지는 어디에나 항상 존재한다.

국외로 눈을 돌리면, 미세먼지의 요인으로 화산 활동이나 대규모 산불을 볼 수 있다. 화산이 폭발할 경우에는 항공기 운항이 어려울 만큼 엄청난 양의 화산재가 하늘을 덮는다. 미국 캘리포니아주에서는 큰 산불로 대기를 오염시키는 사례가 빈번하다. 인도네시아 밀림에서 일어나는 산불은 싱가포르나 말레이시아까지 매연이 이동해 국가 간 분쟁의 원인이 되기도 한다.

배출원에는 무엇이 있는가

미세먼지의 배출원은 다양할뿐더러 사회경제적 상황에 따라 변화한다. 현재 정부에서 대기 질 관리를 위해 마련한 구분에 따르면 배출원은 모두 13종류다. 여기에는 '에너지산업 연소' '제조업 연소' '도로 이동 오염원' 등이 포함된다. 배출원 분류는 변화하는 국내 현실에 맞춰 보완되는데, 2015년에는 '비산먼지' '생물성 연소' 부문을 추가한 바 있다.

이렇듯 다양한 배출원마다 적절한 산정 방법을 적용하고 최신 정보를 반영한 배출량 통계가 매년 발표된다. 우리나라는

1999년부터 국립환경과학원에서 CAPSS를 활용해 매년 발표해오다, 2020년부터는 환경부 산하 국가미세먼지정보센터에서 이 역할을 맡고 있다.

각 배출원에서 나오는 대기오염 물질은 일산화탄소, 질소산화물, 황산화물 등 아홉 종류*로 산정하고 있다. 이 중에서 미세먼지, 초미세먼지, 총부유먼지, 검댕이 미세먼지와 관련된 대기오염 물질이다. 초미세먼지는 2011년, 검댕은 2014년 배출량 통계에 포함됐다. 한편 대기오염 물질별 주요 배출원이 다르기 때문에, 각각의 오염 물질 배출량을 효과적으로 감축시키기 위해서는 주요 배출원을 파악해야 한다.

<table>
<tr><th>SCC**</th><th>배출원 대분류</th><th colspan="2">주요 배출원</th></tr>
<tr><td>01</td><td>에너지 산업 연소</td><td rowspan="3">연료 연소</td><td>발전, 지역난방, 석유정제 등 에너지 생산·전환 산업</td></tr>
<tr><td>02</td><td>비산업 연소</td><td>상업, 공공, 주거, 농축산 시설의 난방, 온수, 조리, 작물 건조 등</td></tr>
<tr><td>03</td><td>제조업 연소</td><td>제조업 배출 시설의 연료 연소. 보일러, 가스터빈, 고정 엔진 등</td></tr>
<tr><td>04</td><td>생산공정</td><td colspan="2">연료 연소 시설 외 제조업 공정</td></tr>
<tr><td>05</td><td>에너지 수송 및 저장</td><td colspan="2">휘발유 공급으로 인한 발생. 정유소 출하 기지, 저유소, 주유소 등</td></tr>
<tr><td>06</td><td>유기용제 사용</td><td colspan="2">용매 사용으로 인해 발생하는 휘발성 유기화합물. 페인트 세탁·세정, 기타 유기용제</td></tr>
</table>

* 총부유먼지TSP, 초미세먼지, 미세먼지, 황산화물, 질소산화물, 휘발성 유기화합물, 암모니아, 일산화탄소, 검댕.

** Source Classification Code. 오염원 분류 코드.

07	도로 이동 오염원	자동차 주행으로 인한 배출. 승용차, 버스, 화물차, 이륜차, RV 등
08	비도로 이동 오염원	자동차 외 내연기관 장착. 철도, 항공, 선박, 농기계, 건설 장비 등
09	폐기물 처리	폐기물 처리 방법 (소각, 매립, 퇴비화, 바이오 가스 생산 등)에서 발생
10	농업	비료 사용, 가축 분뇨 등 암모니아 배출량 산정
11	기타 면 오염원	식생·습지·토양 등의 오염 물질 배출, 산불 및 화재 등
12	비산먼지	일정 배출구 없이 대기로 배출되는 먼지. 도로재 비산먼지, 건설공사 등
13	생물성 연소	고기구이, 숯가마, 노천 소각, 목재 난로, 농업 잔재물 소각 등

그림 2-1. 대기오염 물질 배출원 대분류 체계

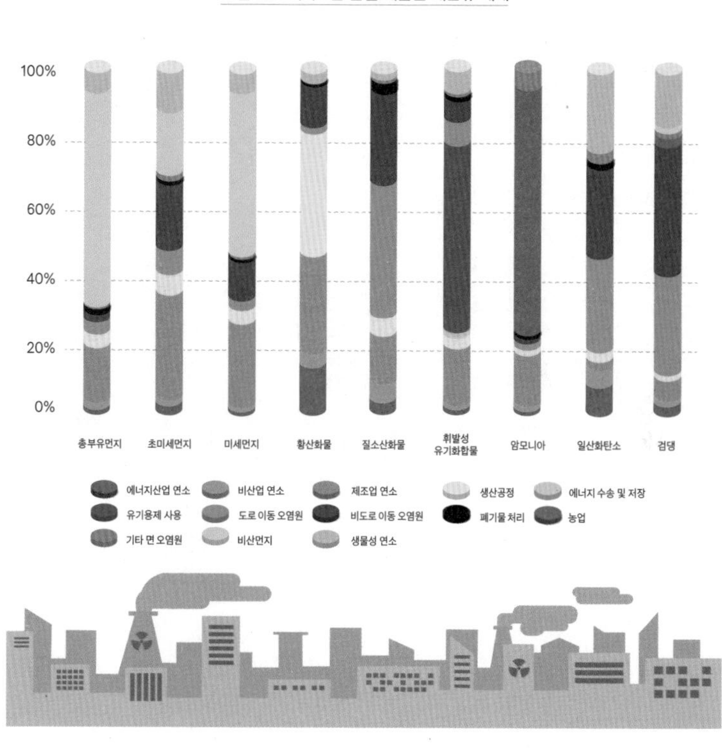

그림 2-2. 배출원별 오염 물질 배출 비중(2019년 대기오염 물질 배출량 통계 기준)

대기오염 물질	의미	주요 배출원	유해성
총부유먼지	대기 중 부유 상태에 있는 지름 0.1~500마이크로미터 크기의 총 먼지 양	연소 시설, 소각 시설, 열처리 시설, 석유화학 제품 제조 시설, 비포장도로, 연탄 제조 등	식물 잎 기공 막음, 햇빛 차단, 인체에 침입해 기관지 및 폐에 부착
미세먼지	지름 10마이크로미터 이하 먼지	• 자연적 요인: 토양 입자, 해염 입자, 꽃가루, 균류 포자, 세균, 화산재 등	호흡기에서 걸러지지 않고 인체 깊숙이 침투해 축적됨.
초미세먼지	지름 2.5마이크로미터 이하 먼지	• 인위적 요인: 공장·발전소·농장 등 사업장, 도로(자동차), 조리 등	호흡기, 피부, 안구 질환, 심혈관 질환 유발
황산화물	황과 산소로 이루어진 화합물. 주로 이산화황, 삼산화황(황산가스)를 의미함.	난방용·발전용, 산업용 연소 시설, 금속 용융 및 제련, 석유정제 및 화학비료 제조, 석탄 및 석유 연소 과정 등	이산화황은 수분과 만나 강산성의 황산이 됨. 기관지, 눈, 코 등 점막 자극, 폐렴, 기관지염, 천식, 폐기종 질환 유발
질소산화물	일산화질소, 이산화질소, 아산화질소, 삼산화이질소, 오산화이질소	화석연료 사용 내연 기관, 화학물질 제조 공정, 질산에 의한 금속 처리 공정 등	눈, 코 점막 자극, 만성 기관지염, 폐렴, 폐출혈, 폐수종 발병
휘발성 유기화합물	대기 중으로 쉽게 증발되는 액체 또는 기체상 유기화합물을 총칭함	도장 시설, 석유정제·제조 시설, 정유사, 저유소, 주유소, 세탁소, 인쇄소, 생활용품(스프레이, 접착제 등)	발암물질
암모니아	질소와 수소로 이루어진 자극성이 강한 무색 부식성 알칼리성 기체	농업 부문 가축 및 비료 사용, 사람 분뇨, 생산 공장 시설 등	피부 자극
일산화탄소	탄소와 산소로 구성된 무색, 무취 유독성 가스	탄소 성분의 불완전연소(산불, 담배연기, 지역난방 등)	혈액순환 중 산소 운반 기능 저하
검댕	화석연료의 불완전연소나 산불 또는 생물성 연소 등에서 발생하는 입자상 물질	연료(석탄, 석유, 가스)의 불완전연소, 자동차 매연, 생물성 연소, 산불 등	폐 기능 저하, 인지능력 저하

그림 2-3. 대기오염 물질 특성

배출원의 기여도 계산

에어코리아*에서 제공하는 전국 미세먼지 농도를 실시간으로 보면, 위치와 시간에 따라 농도가 변한다는 사실을 알 수 있다. 같은 위치라도 새벽과 아침, 낮, 저녁 시간에 따라 미세먼지 농도가 달라진다. 계절에 따라서도 다르다. 한편 같은 시각이어도 서울, 부산, 제주 등 지역에 따라 미세먼지 농도에 차이가 있다.

미세먼지는 기온, 강수, 풍속, 풍향 같은 기상 현상의 영향을 받는다. 대기오염 물질이 미세먼지로 바뀌는 화학반응이 대기 중에서 얼마나 잘 일어나는지도 변수가 된다. 자동차 배기가스에 있는 질소산화물이나 화석연료가 연소할 때 배출되는 황산화물은, 대기 중 화학반응으로 초미세먼지가 되는 대표적인 대기오염 물질이다.

이처럼 미세먼지 농도를 결정하는 주요 요인으로 기상 현상이나 대기 중 반응을 들 수 있지만, 가장 일차적인 요인은 배출이라고 할 수 있다. 대기오염 물질 배출은 어느 정도 관리할 수 있다는 것이 다른 요인들과 구별되는 점이다. 배출원마다 관리 수준을 정하고 우선순위를 가리는 정책적인 접근이 가능한 것이다. 이때 배출원별 미세먼지 기여도 정보가 필요하다.

* 전국 실시간 대기오염도를 공개하는 인터넷 홈페이지. 한국환경공단에서 운영하며, 전국 곳곳의 대기 측정망에서 얻은 대기 환경 정보를 2005년 12월 28일부터 실시간으로 공개하고 있다. 미세먼지와 오존 등 대기 질 예보, 기상청에서 운영하는 황사 경보, 지방자치단체에서 운영하는 오존 경보 등의 정보를 함께 공개한다.

미세먼지 기여도는 특정 위치의 미세먼지 농도에 각 배출원이 얼마나 영향을 미치는지를 나타낸다. 고정불변의 일정한 값이 아니라, 시간에 따라 달라진다. 해당 위치의 미세먼지 정보를 측정한 후 이들 간의 관계를 분석함으로써 계산할 수 있는데, 각 배출원에서 배출되는 미세먼지의 특징을 파악하는 것이 중요하다.

배출원별 미세먼지의 특징은 일종의 지문과 같아서 배출원 프로파일source profile이라 부르며, 보통 화학 성분의 구성비로 나타낸다. 가령 질소산화물, 황산화물, 암모니아 등은 대기 중 반응을 거쳐 황산염, 질산염, 암모늄 같은 이온 성분의 미세먼지로 바뀌는데, 프로파일을 황산염 17.1퍼센트, 질산염 18.0퍼센트, 암모늄 11.1퍼센트처럼 나타낼 수 있는 것이다.

미세먼지 기여도 계산에는 수용 모델 또는 확산 모델을 이용할 수 있다. 수용 모델은 해당 지역의 대기오염 물질이 갖는 물리·화학적 특성을 분석하고, 대기 질에 영향을 주는 오염원을 확인해 각 오염원의 정량적 기여도를 추정하는 수학·통계론적 방법을 말한다. 측정 대상이 되는 지역을 수용체라고 부르기 때문에 수용 모델이라는 이름을 갖게 됐다.

서로 특징이 구별되는 소수의 배출원만 있다면, 수용 모델을 이용해 비교적 신뢰할 만한 배출원별 미세먼지 기여도를 계산할 수 있다. 하지만 배출원이 불특정 다수인 경우에는 명확히 산출하기 어렵다. 또한 질소산화물, 황산화물, 암모니아 같은 오염 물질이 대기 중 반응을 일으켜 생성된 미세먼지도,

배출원이 명확하지 않다는 단점이 있다. 고농도 미세먼지 발생 시 국외에서 유입되는 오염 물질, 즉 국외 배출원의 기여도를 산출하지 못하는 문제도 있다.

수용 모델이 특정 지역의 미세먼지 농도에 영향을 주는 배출원을 역추적해서 정량적 기여도를 분석한다면, 확산 모델은 프로그램을 활용해 미세먼지의 이동, 반응 등 복잡한 관계를 수식으로 만들고 이를 컴퓨터로 미리 선정한 3차원 공간(동북아시아, 한반도)에 대입함으로써 시간에 따른 미세먼지 농도나 성분을 산출하는 방법이다. 이때 프로그램에는 기상 정보와 배출량을 입력한다.

결국 확산 모델은 기상 정보, 배출량 정보를 이용해 특정 지역의 미세먼지 농도와 성분에 각 배출원이 얼마나 영향을 주는지 분석하는 방법인데, 배출량 정보의 신뢰도가 아직은 높지 않은 편이다. 더욱이 국외 미세먼지의 영향을 파악하려면 중국의 배출량 정보가 필요하지만, 중국은 공식 배출량 정보를 제공하지 않는다.

확산 모델은 특정 위치의 미세먼지 농도에 영향을 주는 각 배출원의 기여도를 파악할 뿐만 아니라 중국 등 국외 지역의 배출원별 기여도까지 대략적으로 구할 수 있지만, 산출 과정에서 여전히 불확실한 요인이 많다. 확산 모델로 계산된 미세먼지 농도와 성분을 지상에서 실제 관측한 자료와 비교하면 차이가 있다. 따라서 아직은 정책 수립의 참고 자료로 활용하는 정도가 바람직하다.

02 가스도 미세먼지로 바뀐다

광화학반응

태양은 막대한 에너지를 주위로 방출한다. 지구에 도달한 태양에너지는 생명체가 살아가는 데 필요한 물질의 근원이다. 우선 식물의 잎에 있는 엽록소는 햇빛을 받아 포도당glucose을 만드는 광합성 작용을 한다. 식물은 이 포도당을 통해 에너지를 얻어 생장한다. 광합성은 이산화탄소를 흡수해 산소를 만드는 역할도 한다.

태양에너지를 직접 활용해서 전기를 만들 수도 있다. 태양광 패널로 햇빛을 받아 전기를 만드는 태양광발전, 태양열로 물을 끓여 수증기를 발생시킨 후 터빈을 돌려 전기를 만드는 태양열발전이 있다. 이처럼 태양은 생명체에 필요한 에너지를 주지만, 한편으로는 새로운 대기오염 물질을 만들기도 한다. 대기 중에 있는 기체 상태의 물질을 초미세먼지나 오존 같은 오염 물질로 바꾸는 것이다.

사업장이나 자동차에서 미세먼지 형태로 직접 배출되는 것을 1차 배출 미세먼지라고 한다면, 대기 중에서 햇빛과 반응해 새롭게 만들어진 미세먼지를 2차 생성 미세먼지라고 부른다. 2차 생성 미세먼지는 우리나라 초미세먼지의 절반 이상을 차지할 만큼 비중이 크다.

대기 중에서 2차 생성 미세먼지로 바뀌는 대표적인 원인 물질에는 질소산화물, 휘발성 유기화합물, 이산화황, 암모니아가 있다. 질소산화물은 발전소, 제철소, 경유 차에서 많이 발생한다. 휘발성 유기화합물은 톨루엔, 벤젠, 자일렌 등 수백 가지 이상의 물질을 말하는데, 석유화학 공정을 쓰는 사업장뿐만 아니라 주유소, 인쇄소, 세탁소 같은 가게에서도 발생한다.

1940년대 후반 미국 로스앤젤레스 일대에서 말썽을 부린 새로운 유형의 스모그 역시 2차 생성 미세먼지로 인해 발생한 것이다. 무더운 날씨에 햇빛이 강한 날이면 사람들의 눈과 목을 자극하는 갈색 스모그가 발생했다. 정체 모를 스모그는 점차 시설물을 강하게 부식시키고, 꽃과 나무, 농작물을 시들게 했다. 이를 런던 스모그와 구분해 'LA 스모그'라고 이름 붙였다. 스모그에 포함된 자극성 오염 물질은 훗날 오존으로 판명됐다.

오존은 지구 성층권에서 자외선을 막아주는 역할을 하지만, 지표 근처에서는 유독성 물질로 작용한다. LA 스모그는 자동차가 뿜어낸 배기가스가 주원인이었다. 자동차나 사업장이 배출한 질소산화물과 휘발성 유기화합물이 햇빛과 반응하면 오존과 미세먼지가 만들어진다는 사실이 훗날 밝혀졌다. LA 스모그가 갈색을 띠는 것도 적갈색의 자극성 냄새를 지닌 이산화질소 때문이었다.

LA 스모그는 이처럼 햇빛과의 광화학반응으로 발생한다는 뜻에서 '광화학스모그'라고도 부른다. 햇빛이 강하고, 바람이 약한 날 기온역전층에 대기오염 물질이 갇혀 있을 때 발생 확률이 높아진다. 로스앤젤레스와 유사한 기후 조건인 그리스 아테네, 호주 시드니, 멕시코의 멕시코시티에서도 광화학스모그로 인한 고농도 오존이 관측된 바 있다.

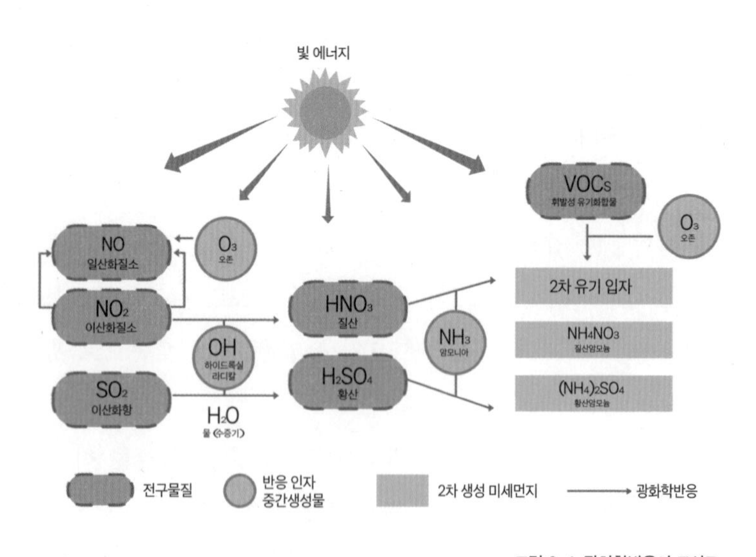

그림 2-4. 광화학반응의 모식도

수분 반응

석탄에는 황이 함유되어 있어서, 연료로 태우면 다량의 이산화황이 발생한다. 그런데 이산화황을 비롯해 황산화물은 물에 녹는 성질이 있다. 즉 황산화물이 안개 낀 날에 공기 중의 수분과 만나면 화학반응을 일으킨다는 뜻이다.

기체 상태의 오염 물질인 황산화물은 2차 생성 반응을 거쳐 황산염으로 만들어진다. 여기서 염이란 산의 음이온과 염기의 양이온이 정전기적 인력으로 결합되어 있는 이온성 물질을 뜻한다. 이산화황은 공기 중에서 쉽게 삼산화황으로 산화되고, 삼산화황은 공기 중의 물과 만나 황산 방울이 된다. 황산은 수소이온H^+ 두 개와 황산염이 결합한 물질로, 이때 황산염 성분의 미세먼지가 생성되는 것이다.

황산염

황산염 생성을 반응식으로 표현하면 아래와 같다.

$SO_2+O_3 \rightarrow SO_3+O_2$

$SO_3+H_2O \rightarrow H_2SO_4(SO_4^{2-})$

이렇게 생성된 미세먼지는 수분을 잘 흡수하는 성질이 있어서 흡습성 미세먼지로 불린다. 이 미세먼지가 수분을 흡수하면 표면에 액상층이 생겨나 2차 생성 반응을 촉진하고, 미세먼지 농도를 높이는 역할을 한다. 이를 수분 반응이라고 한다.

앞에서 이야기한 런던 스모그 역시 수분 반응과 관련이 깊다. 과거 화석연료를 쓰던 영국의 공장 굴뚝에서는 시꺼먼 매연과 함께 이산화황이 많이 배출됐다. 이 이산화황이 안개와 만나 미세먼지 농도가 올라간 것이다. 해안 지역도 수분 반응이 잘 일어나는 공간이다. 해안가나 섬에서는 대기 중에 미세먼지의 일종인 해염 입자가 많은데, 상대습도가 어느 수준 도달하면 입자의 크기가 갑자기 커지는 성질이 있다.

고농도 초미세먼지 현상이 빈번하게 발생하는 난방기에, 중국에서 이동해 오는 대기오염 물질의 영향이 크다는 것은 익히 알려져 있다. 베이징, 산둥반도, 상하이 등에서 불어오는 바람은 서해를 거쳐 우리나라에 도달하므로 이 과정에서 수분의 영향을 많이 받게 된다. 그만큼 수분 반응도 중요하게 작용한다는 의미다. 수분 반응에 관해서는 광화학반응에 비해 연구가 적게 이루어진 탓에 알려진 지식 또한 아직은 매우 적은 편이나, 최근 활발히 연구가 수행되고 있다.

스모그 챔버

미세먼지의 생성, 성장, 소멸 등을 관측만으로 규명하기에는 어려움이 많다. 현장 관측을 통해 밝혀낸 사실을 과학적으로 입증하려면 실험실에서 재현할 수 있어야 한다. 이때 활용하는 시설이 스모그 챔버smog chamber다. 챔버는 방 또는 공간으로서, 각종 조건을 조절하며 실험을 수행할 수 있는 밀폐된 공간을 가리킨다.

스모그 챔버에서는 대기오염 물질(성분, 농도 등)과 일부 기상 조건(온도, 습도, 광도 등)을 인위적으로 조절해 스모그

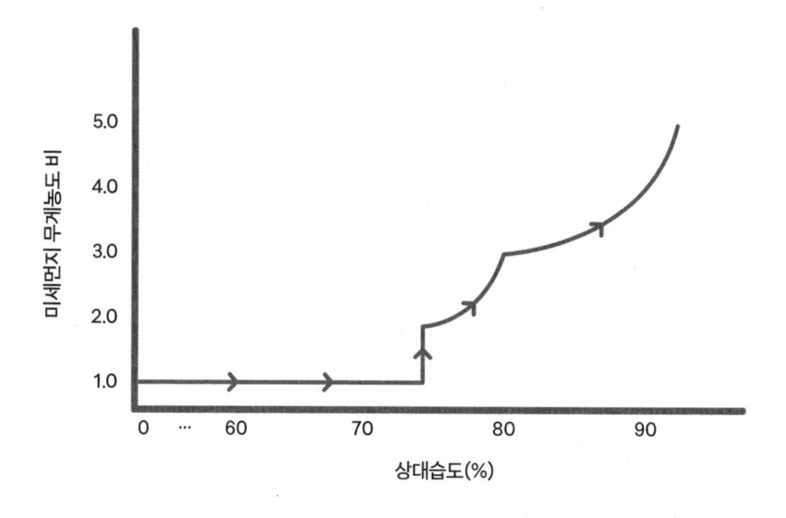

그림 2-5. 상대습도에 따른 흡습성 미세먼지의 크기 변화

등 대기오염 현상을 구현할 수 있다. 이렇듯 제한된 조건에서 실험하기 때문에 각 환경요인이나 대기오염 물질의 특성이 미세먼지에 미치는 영향을 알아내는 것은 물론, 미세먼지의 생성, 반응 등을 과학적으로 규명할 수 있다.

우리나라에서는 2000년 한국과학기술연구원이 최초로 스모그 챔버를 구축했다. 하지만 그 크기가 6세제곱미터 정도에 불과해, 네 시간 내외의 짧은 시간 동안만 반응을 실험할 수 있었다. 가령 국외에서 이틀에 걸쳐 장거리 유입되거나, 국내에서 열두 시간 넘게 일어나는 대기 정체 현상을 실험으로 재현하기는 불가능하다. 즉 반응 공기량이 적은 소형 챔버로는 현실에서 당면하는 고농도 미세먼지 생성 반응을 규명하기 어렵다는 것이다.

이에 한국과학기술연구원은 2019년 장시간 반응을 모사할 수 있는 중형 챔버(27세제곱미터)를 구축했다. 현재는 중형 챔버를 이용해, 미세먼지의 장시간(수일 이상) 경과에 따른 노화 양상 추적 등 2차 미세먼지 생성 과정을 규명하는 연구를 수행하고 있다.

03 어디서, 얼마나 들이마시고 있을까

미세먼지에 노출된 생활공간

사람이 미세먼지에 노출되는 경로는 다양하다. 피부에 닿기도 하지만, 음식을 섭취하는 과정에서도 미세먼지가 몸 안에 침입할 수 있다. 하지만 인체에 흡수되는 경로는 대부분 호흡기다. 우리가 마시는 공기에는 미세먼지가 있다. 결국 각자 생활하는 공간이 어디냐에 따라 미세먼지에 노출되는 정도가 좌우된다. 생활공간의 미세먼지 농도와 체류 시간에 따라 미세먼지에 노출되는 양이 달라지는 것이다.

오전 9시부터 오후 6시까지 직장이나 학교에서 시간을 보내는 사람에게 주택은 하루의 60퍼센트를 보내는 실내 공간이다. 가장 긴 시간 머물기 때문에 미세먼지를 없애는 데 더 많은 신경을 써야 하는 장소다. 주택에서 미세먼지는 청소하거나 요리할 때 발생하기도 하지만, 창문을 열어두었을 때 바

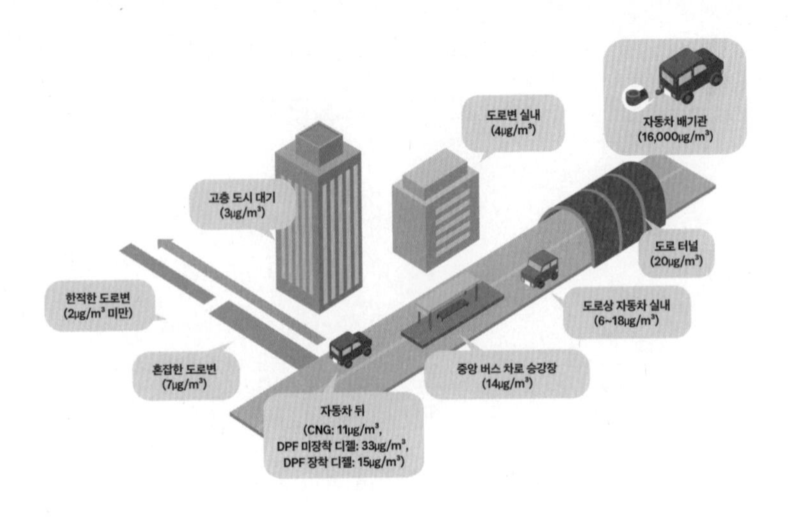

그림 2-6. 위치에 따른 자동차 배기가스의 노출(검댕 농도) 비교

깥에서 유입되는 것도 있다. 그뿐만 아니라 건축 자재, 페인트, 접착제, 복사기 등에서도 미세먼지가 발생한다.

특히 관심을 가져야 할 곳은 주방이다. 가스레인지를 사용할 때 초미세먼지가 발생하기 때문이다. 따라서 음식 조리 중에는 레인지 후드를 켜서, 미세먼지를 비롯한 유해 물질을 집 밖으로 내보내야 한다. 주방에 잔류한 유해 물질이 거실이나 방으로 확산되지 않도록 주방 창문을 열어둘 필요도 있다.

주택이 도로변에 있거나, 영·유아, 어르신, 호흡기 질환자가 사는 곳이라면 공기청정기로 실내 미세먼지 농도를 낮게 유지할 것을 권한다. 공기청정기는 에어컨처럼 창문을 닫은 밀폐된 공간에서 사용해야 효과가 나타난다. 비교적 좁은 공간에 많은 사람이 모여 사는 경우, 호흡하면서 내뿜는 이산화탄소가 그만큼 빨리 축적되기 때문에 주기적으로 환기를 시켜주는 게 좋다.

2006년 이후 지어진 아파트에는 보일러실 상부에 기계식 환기장치가 설치되어 있을 것이다. 이는 2003년 실내공기질관리법이 제정된 결과다. 당시 새집증후군이 사회문제로 대두되자 기계식 환기장치 설치를 의무화한 것이다. 새로 지은 아파트는 건축자재에 첨가된 화학물질이 실내 공기를 오염시킬 수 있다. 집 안을 떠돌며 영·유아에게 아토피질환을 유발하는 이 화학물질들은 자연 환기만으로 사라지지 않는다는 문제가 있었기 때문에, 집 밖으로 강제 배출할 수 있도록 한 것이다.

하지만 미세먼지 농도가 높은 날 환기장치를 가동할 경우, 오염된 공기가 유입돼 실내미세먼지 농도가 오히려 높아질 수 있다. 이 때문에 환기장치에 에어 필터를 장착한다. 에어 필터는 외부에서 유입되는 미세먼지를 걸러주는데, 공기저항을 일으켜 환기장치의 흡인력을 떨어뜨리는 부작용이 있다. 외부에서 유입되는 공기가 그만큼 줄어드는 것이다.

보일러실 환기장치는 집안 전체를 대상으로 공기를 순환시키는 동시에, 실내 냉난방에는 영향을 주지 않아야 한다. 따라서 환기장치 가동으로 순환되는 공기의 양은 적고, 미세먼지를 없애는 효율 또한 한계가 있을 수밖에 없다.

그렇다면 일터에서는 어떨까? 도시에 사는 사람들은 집에서 보내는 하루 60퍼센트 외의 시간을 직장이나 학교에 머무른다. 그러다 밖으로 나오면 자동차가 내뿜는 오염 물질에 노출된다. 오늘날 사람들은 날마다 배기가스에 노출되고 있다.

자동차가 끊임없이 달리는 도로는 대기오염 물질 농도가 높은 편이다. 트럭이나 경유 차는 배출하는 디젤 입자가 많아서 더욱 유해하다. 배기가스가 확산되지 못하는 터널도 대기오염 물질 농도가 매우 높은 편이다. 이로 인해 천장에 팬을 설치해 바깥으로 배기가스를 배출하거나, 먼지를 제거하는 집진기를 가동하는 터널도 있다.

석탄을 캐는 광부들이 마스크를 쓰는 것은 탄광에 있는 무수히 많은 먼지 때문이다. 오랜 기간 탄광에서 일하면 그만큼 많은 먼지에 노출돼 진폐증에 걸릴 수 있다. 본래 미세먼지 연구는 탄광 광부들을 보호하기 위해 시작됐는데, 미세먼지가 많이 발생하는 작업 환경에서 인체로 흡입될 수 있는 크기의 호흡성 먼지가 중요하게 다뤄졌다.

미국 미네소타주에 본사가 있는 3M은 사무 용품, 의료 용품 등 6만 5,000여 가지 제품을 판매하는 글로벌 기업이다. 3M은 'Minnesota, Mining and Manufacturing'(미네소타, 광업, 제조업)을 축약한 명칭으로, 초창기에 광산 관련 업종을 다뤘다는 것을 알 수 있다. 이런 연유로 3M은 먼지가 많은 작업장에서 쓰는 N95 마스크*를 지금도 판매한다.

* 공기 중에 떠다니는 크기 0.3마이크로미터 이상의 미세 입자를 95퍼센트 이상 걸러주는 보건용 마스크.

보건용 마스크

일상에서 자주 접하는 KF80, KF94, KF99 같은 용어는 모두 보건용 마스크와 관련이 있다. 보건용 마스크는 면 재질의 방한용 마스크와 달리, 공기 중 바이러스나 미세먼지 같은 입자를 차단하는 기능을 갖춘 호흡용 보호구다. 식품의약품안전처는 분진 포집 효율, 안면부 흡기 저항, 안면부 누설률 등을 심사해 의약외품으로서 보건용 마스크를 허가하고 있다. 이때 분진 포집 효율은 공기를 들이마실 때 마스크가 분진을 걸러주는 비율을, 안면부 흡기 저항은 공기를 마실 때 마스크 내부가 받는 저항을, 안면부 누설률은 마스크와 얼굴 사이의 틈새로 공기가 새는 비율을 나타낸다.

KF^Korea Filter 옆의 숫자는 미세 입자 차단율을 의미한다. KF80은 0.6마이크로미터 크기의 미세 입자를 80퍼센트 이상, KF99는 99퍼센트 이상 차단한다는 뜻이다. 숫자가 높을수록 미세먼지를 걸러주는 기능이 뛰어나다. 하지만 차단율이 높은 만큼 숨 쉬기 불편해, 미세먼지 수준이나 개인별 호흡량 등을 고려해서 선택하는 것이 좋다. 구입할 때는 '의약외품' 표기와 KF80, KF94, KF99 같은 차단율 표시, 보건용 마스크로 허가된 제품인지 확인해야 한다.

미세먼지 측정

전국의 대기오염 실태를 파악하고, 대기 질 개선 대책에 필요한 기초 자료를 확보하기 위해 환경부와 지방자치단체는 대기오염 측정망을 설치해 운영하고 있다. 대기오염 측정망은 총 13종류가 있는데, 크게 일반 측정망과 집중 측정망으로 나뉜다. 일반 측정망은 다시 '일반 대기오염 측정망' '배출원 감시 측정망' '특수 대기오염 측정망'으로 나뉘고, 각기 네 종류의 측정망이 있다.

이처럼 전국에 설치된 측정소가 관측한 결과는 국가 대기오염 정보 관리 시스템에 모인다. 이 관측 결과들을 관할 지방자치단체와 유역·지방환경청*이 검색·선별함으로써 1차 자료를 확정한다. 이 자료를 한국환경공단이 전송받아 자체 시스템을 통해 확정한 후 데이터베이스에 저장한다. 이렇게 확정된 자료는 국립환경과학원의 「대기 환경 월간 보고서」「대기 환경 연간 보고서」에 게재되며, 에어코리아에서도 열람 가능하다.

우리나라의 환경정책기본법은 대기 환경기준을 정하고, 그 기준이 되는 오염 물질로서 아황산가스 SO_2, 일산화탄소, 미세먼지 등 총 여덟 종류를 정해 규제하고 있다. 예를 들어 미세먼지 1세제곱미터당 미세먼지 농도는 하루 평균 100마이크로

* 한강유역환경청, 낙동강유역환경청, 금강유역환경청, 영산강유역환경청, 수도권대기환경청, 원주지방환경청, 대구지방환경청, 전북지방환경청이 있다.

그램 이하, 연평균 50마이크로그램 이하로 그 기준이 정해져 있다. 우리나라에서 법적으로 규정된 대기 환경기준 물질에는 아황산가스, 일산화탄소, 이산화질소, 오존, 미세먼지, 초미세먼지, 납Pb, 벤젠이 있다. 특히 이 가운데 아황산가스, 일산화탄소, 이산화질소, 오존, 미세먼지, 초미세먼지 등 여섯 종류는 에어코리아가 시간별·일별·요일별로 평균 농도를 공개하고 있다.

대기 환경기준 물질 여섯 종류에 대한 관측은 전국에 설치된 도시 대기 측정망(2022년 6월 기준 515개),* 교외 대기 측정망(27개), 국가 배경 농도 측정망(11개), 도로변 대기 측정망(56개),** 항만 측정망(18개)이 맡고 있다. 이 중 도로변 대기 측정망은 납, 탄화수소, 교통량을 추가로 측정하기도 한다. 에어코리아는 대기 환경기준 물질 여섯 종류의 한 시간 평균 농도를 4개 등급(좋음-보통-나쁨-매우 나쁨)으로 구분해 공개하고 있다.*** 이는 '우리 동네 대기 정보' 앱에서도 확인할 수 있다.

* 도심의 평균 대기 질 농도를 측정하기 위해 운영된다.

** 자동차 통행과 유동 인구가 많은 도로변 대기 농도를 측정할 목적으로 운영된다.

*** 한 시간 평균 농도에 인체 영향과 체감 오염도를 반영한 통합 대기 환경 지수를 적용해서 4개 등급 색상으로 표현하고 있다.

측정망 구분			측정 목적	측정 항목	운영 주체	측정소 수
일반 측정망	일반 대기오염 측정망	도시 대기 측정망	도시 지역의 평균 대기 질 농도를 파악해 환경기준 달성 여부 판정	SO_2, CO, NOx, PM_{10}, $PM_{2.5}$, O_3, 풍향, 풍속, 온도, 습도	지자체	515
		국가 배경 농도 측정망	국가적인 배경 농도를 파악하고 외국으로부터의 오염 물질 유입, 유출 상태 등을 파악	SO_2, CO, NOx, PM_{10}, $PM_{2.5}$, O_3, 풍향, 풍속, 온도, 습도	환경부	11
		교외 대기 측정망	도시를 둘러싼 교외 지역 배경 농도를 파악	SO_2, CO, NOx, PM_{10}, $PM_{2.5}$, O_3, 풍향, 풍속, 온도, 습도	환경부	27
		선박 측정망	장거리 이동 미세먼지의 경로, 농도 등을 확인	$PM_{2.5}$, 검댕, 풍향, 풍속, 온도, 습도 * 검댕은 초미세먼지의 정도 관리를 위한 자료로 사용	환경부	35
	배출원 감시 측정망	도로변 대기 측정망	자동차 통행량과 유동 인구가 많은 도로변 대기 질을 파악	SO_2, CO, NOx, PM_{10}, $PM_{2.5}$, O_3, 풍향, 풍속, 온도, 습도 * 필요시 Pb, HC, 교통량 추가	지자체	56
		대기 중금속 측정망	도시 지역 또는 공단 인근 지역에서의 중금속에 의한 오염 실태를 파악	Pb, Cd, Cr, Cu, Mn, Fe, Ni, As, Be, Al, Ca, Mg	지자체	73
		유해 대기 물질 측정망	인체에 유해한 휘발성 유기화합물, PAHs 등의 오염 실태를 파악	VOCs 16종, PAHs 16종	환경부	53
		항만 측정망	항만 지역 등의 대기 질 현황 및 변화에 대한 실태 조사	SO_2, CO, NOx, PM_{10}, $PM_{2.5}$, O_3, 풍향, 풍속, 온도, 습도	환경부	18
	특수 대기오염 측정망	산성 강하물 측정망	대기 중 오염 물질의 건성 침착량 및 강우·강설 등에 의한 오염 물질의 습성 침착량 파악	(건성) $PM_{2.5}$, $PM_{2.5}$ 중 이온 성분, (습성) pH, 이온 성분, 전기전도도, 강수량, 수은(총가스상 수은), 수은 습성 침적량	환경부	42
		광화학 대기오염 물질 측정망	오존 생성에 기여하는 휘발성 유기화합물에 대한 감시 및 효과적 관리 대책의 기초 자료 파악	NOx, NOy, PM_{10}, $PM_{2.5}$, O_3, CO, 풍향, 풍속, 온도, 습도, 일사량, 자외선량, 강수량, 기압, 카르보닐화합물(폼알데하이드, 아세트알데하이드, 아세톤), VOCs 56종	환경부	18
		지구 대기 측정망	지구 온난화 물질의 대기 중 농도 파악	CO_2, CFC(-11, -12, -113, -114), N_2O, CH_4	환경부	1

	특수 대기오염 측정망	초미세먼지 성분 측정망	인체 위해도가 높은 초미세먼지의 농도 파악 및 성분 파악을 통한 배출원 규명	$PM_{2.5}$ 질량, 탄소 성분(OC, EC), 이온 성분(SO_4^{2-}, NO_3^-, Cl^-, Na^-, NH_4^-, K^-, Mg^{2+}, Ca^{2+}), 중금속 성분(Pb, Cd, Cr, Cu, Mn, Fe, Ni, As, Be)	환경부	42
집중측정망	대기오염 집중 측정망 (백령도, 수도권, 경기권, 중부권, 충청권, 호남권, 전북권, 영남권, 제주도)		국가 배경지역과 주요 권역별 대기질 현황 및 유입·유출되는 오염물질 파악, 황사 등 장거리 이동 대기오염물질을 분석하고 고농도 오염 현상에 대한 원인 규명	SO_2, CO, NOx, PM_{10}, $PM_{2.5}$, O_3, 풍향, 풍속, 온도, 습도. $PM_{2.5}$ 질량, 탄소 성분(OC, EC), 이온성분, 중금속 성분(Pb, Cd, Cr, Cu, Mn, Fe, Ni, As, S, Ti, V, Se, Ca, Br, K, Zn)	환경부	10

그림 2-7. 전국 대기오염 측정망 설치 현황(2022년 6월 기준)

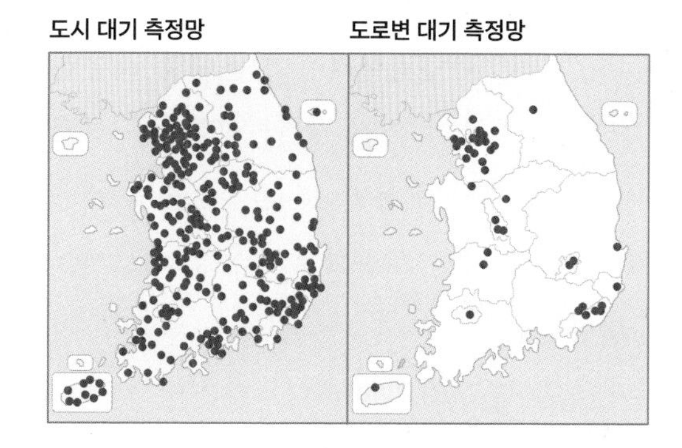

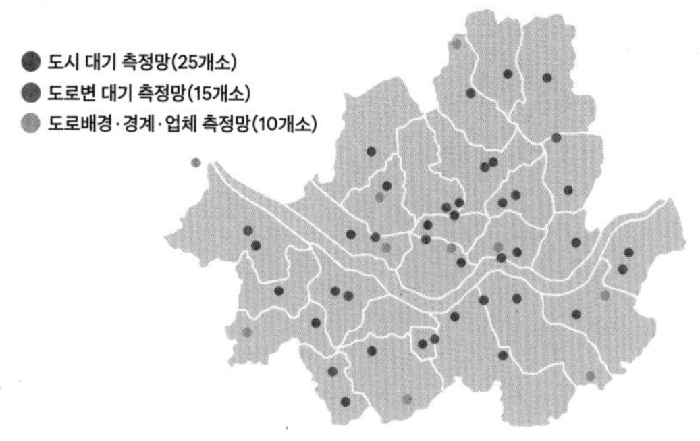

그림 2-8. 도시 대기 측정망과 도로변 대기 측정망의 분포(위)와 서울시 대기 측정망 현황(아래)

대기 질 예보

우리나라는 대기오염 물질의 실시간 관측뿐만 아니라, 대기 질 예보도 함께 시행하고 있다. 국립환경과학원 대기질통합예보센터가 전국 19개 권역에 걸쳐 미세먼지, 초미세먼지, 오존 농도에 대해 하루 4회 기준으로 오늘·내일·모레 예보를 수행하고 있다.*

대기 질 예보는 4단계로 이뤄진다. 첫번째는 기상 상황과 대기 질 변화를 관측하고 추세를 파악하는 단계다. 두번째는 오염 물질 배출량을 해당 기상 조건에서 대기 오염 농도로 변환하는 단계다. 이때 수치예보 모델링이라는 시스템을 사용한다. 시스템은 기상 자료를 산출하는 기상 모델, 배출량을 산정하는 배출량 모델, 대기오염 물질의 공기 중 반응으로 미세먼지가 생성되는 정도와 바람을 타고 확산되는 정도를 계산하는 대기 질 모델로 구성된다.

세번째 단계에서는 예보 등급을 결정한다. 관측된 자료와 수치 모델 결과, 예보관의 지식과 경험을 바탕으로 예보를 생산하는 단계다. 우선 측정망 자료를 활용해 고농도 수준('나쁨' 이상 등급)을 나타내는 지역이 있는지 확인한다. 이어 수

* 미세먼지는 2014년 2월 6일부터, 초미세먼지는 2015년 1월 1일부터, 오존은 2015년 4월 15일부터 대기 질 예보를 시작했다. 예보 결과는 오전 5시, 오전 11시, 오후 5시, 오후 11시 기준으로 하루 4회 발표한다. 오존은 광화학반응이 활발한 시기에 많이 생기므로, 햇빛이 강한 매년 4월 15일에서 10월 15일까지만 예보한다.

치 모델 자료, 예보관의 지식을 동원해 고농도 발생의 원인을 파악하거나, 향후 고농도 발생이 가능한 지역을 판별하게 된다. 최종적인 예보 등급을 확정할 때는 '대기 질 예보 가이던스guidance'가 정한 의사 결정 단계를 따른다.

마지막 단계는 3단계에서 확정한 예보를 환경부와 기상청의 공동 통보 체계(에어코리아)에 전달한다. 예보 등급은 앞서 설명한 대기 환경기준 물질 측정 결과를 공개할 때와 같은 방식으로 4단계(좋음-보통-나쁨-매우 나쁨)로 구분해서 공개하고 있다.

우리나라에서는 이처럼 수치예보 모델링 결과에 예보관의 판단을 더해 최종 예보 등급을 결정하는데, 미국, 영국 등 주요 선진국이 수치예보 모델링 결과를 곧바로 공개하는 방식과는 대비되는 특성이다. 과거 우리나라 예보 모델 정확도가 낮아, 예보관의 판단을 더해 정확도를 올리던 방식이 지금도 유지되고 있는 것이다. 가령 2015년 당시 우리나라의 고농도 초미세먼지 모델 정확도는 44퍼센트 수준이었는데, 여기에 예보관의 판단이 더해지면 62퍼센트 수준까지 올라갔다.

정확도는 계속해서 증가하는 추세다. 2019년에는 79퍼센트까지 향상됐다. 고농도 예보 정확도가 지속적으로 올라가려면 예보 모델의 성능 개선과 함께 예보관의 전문성도 더욱 강화해나가야 한다. 이를 위해 정부는 한국형 대기 질 예보 모델링 시스템을 개발하고, 이를 고도화하는 사업을 수행하고 있다. 여기에 예보를 위한 인공지능 기법도 활용하기 시작했다.

예보 구간			예보 등급			
			좋음	보통	나쁨	매우 나쁨
예측 농도	μg/m³ (일평균)	미세먼지	0~30	31~80	81~150	151 이상
		초미세먼지	0~15	16~35	36~75	76 이상
	ppm (1시간)	오존	0~0.030	0.031~0.090	0.091~0.150	0.151 이상

그림 2-9. 대기오염 예측 농도에 따른 대기 질 예보 등급

미세먼지 생성 과정의 복합적 이해

우리나라에서 빈번히 발생하는 고농도 미세먼지는, 그 원인이 국내에서 배출되는 갖가지 미세먼지 원인 물질과 중국 등 해외에서 유입되는 오염 물질까지 두 가지로 알려져 있다. 하지만 국내에서 미세먼지가 어떠한 생성 반응을 거치는지, 해외에서 유입되는 미세먼지가 어떤 과정을 거쳐 우리나라에서 고농도 초미세먼지를 발생시키는지에 관해서는 정확한 이해가 부족한 실정이었다.

세 가지 유형에 따른 미세먼지 원인 분석

한국과학기술연구원 김진영 박사 팀은 2017~2020년 우리나라 고농도 초미세먼지의 국내외 요인을 파악하기 위한 연구를 수행했다. 2012년부터 2014년까지 포집한 초미세먼지 시료의 상세 성분을 분석하고, 측정일을 기준 삼아 기류를 역추적하는 방식으로 초미세먼지의 발생 유형을 분류해 그 특성을 분석한 것이다. 미세먼지 상세 성분은 어떤 오염원에서 배출됐는지 추정하는 지표가 되며, 기류를 역추적하면 미세먼지가 어디에서 이동해 왔는지 알아낼 수 있다.

연구진은 초미세먼지 시료를 국내 대기 정체, 해외 유입, 해외 유입과 국내 대기 정체의 복합 등 세 가지 유형으로 나눠 분석했다. 먼저 초미세먼지의 1세제곱미터당 평균 농도를 비교한 결과 해외 유입이 없는 국내 대기 정체 조건에서는 34마이크로그램, 미세먼지가 해외(중국)에서 유입된 경우에는 53마이크로그램, 해외 유입에 국내 대기 정체 조건이 더해진 경우에는 72마이크로그램이었다. 성분을 분석해보니 해외 유입, 또는 국내외 복합 조건에서의 무기 이온 성분(황산염, 질산염, 암모늄 등)이 국내

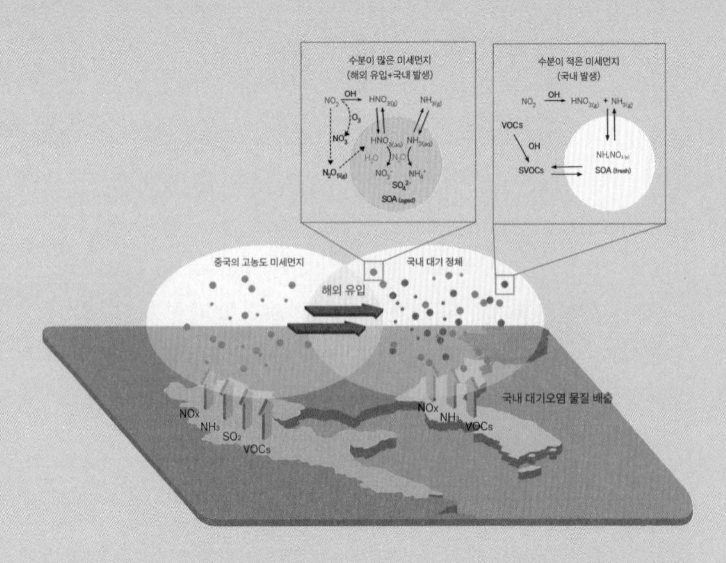

겨울철 고농도 초미세먼지 현상 발생 개념도

대기 정체 조건에서보다 두드러지게 많았다.

중국에서 건너오는 미세먼지는 많은 양의 수분을 포함한다. 황산염과 질산염 같은 오염 물질은 흡습성이 크다는 특징이 있다. 이러한 특성은 국내에서 발생하는 대기오염 물질과 상호작용을 일으키는 원인이 된다. 수도권은 자동차 배기가스 등에서 다량의 질소산화물과 암모니아가 배출되는데, 그 가운데 질소산화물은 대기 정체 상황에서 공기 중에 축적된다. 이때 수분이 많은 해외 유입 미세먼지가 더해질 경우, 질소산화물이 수분과 반응해 질산 HNO_3 이 생성된다. 질산은 입자에 쉽게 녹아들어가 초미세먼지를 구성하는 화학 성분의 일부인 질산염을 추가로 생성하게 된다. 이렇게 만들어진 질산염이 수분을 흡수해 질산염을 또다시 추가 생성하는 악순환이 이어지면서, 미세먼지 농도가 더욱 높아진다.

결론적으로 중국발 미세먼지가 유입되면, 국내에서 배출되는 질소산화물과 상호작용 하면서 초미세먼지가 악화되는 시너지 효과가 발생하는 것이다. 따라서 국내에서 배출되는 질소산화물을 저감할 수 있다면, 중국발 미세먼지로 인한 질산염 추가 생성을 억제할 수 있다.

대기오염 발생 과정은 이처럼 유기적으로 복잡하게 얽혀 있다. 오염원에서 배출된 양과 대기오염 농도가 반드시 비례하지는 않으며, 대기 환경 조건에 따라 미세먼지의 생성량도 달라진다. 미세먼지를 해결하는 데 효과적인 전략을 마련하려면, 보다 다양한 조건에서 미세먼지 발생 메커니즘을 정확히 이해하는 것이 중요하다.

스모그 챔버를 이용한 2차 생성 미세먼지 발생량 분석

앞서 소개한 한국과학기술연구원의 연구 성과처럼, 대기 환경을 관측해 미세먼지의 생성 기작을 규명하는 연구는 많이 이뤄지고 있다. 하지만 관측을 통해서는 농도나 성분 정도의 정보를 얻는 데 그칠 뿐이어서, 대기 중에서 복잡한 물리·화학적 반응을 거치는 미세먼지의 생성과 성장, 소멸까지 모든 과정을 상세히 알기는 어렵다. 만약 미세먼지의 전全 주기를 면밀히 측정·분석할 수 있다면, 복잡한 물리·화학적 반응을 연구하는 데 훨씬 유리할 것이다. 이때 필요한 연구 시설이 바로 스모그 챔버다.

스모그 챔버는 실제 대기를 가져와, 대기 중에서 일어나는 물질들의 반응을 인공적으로 실험할 수 있는 작은 연구실이다. 스모그 챔버에 대기오염 물질을 투입해서 미세먼지가 만들어지는 과정을 분석한다면, 실제 대기에서 물질이 서로 어떻게 만나고 반응하는지 각 성분의 시간별 농도 변환 과정을 상세히 측정할 수 있다. 이로써 관측으로 밝혀낸 미세먼지 생성 과정을 과학적으로 입증하는 것은 물론, 대기 질 모델이 얼마나 정확히 미세먼지 생성량을 예측하는지도 확인할 수 있다.

미세먼지 생성 반응을 규명한 과거 연구들은 대부분 북미나 유럽 같은 선진국 대기 환경에서 이뤄졌다. 현재 널리 쓰이는 대기 질 모델CMAQ 역시 미국이 개발한 것으로, 우리나라 대기 환경을 제대로 반영하지 못해 예측 정확도가 떨어진다는 문제점이 지적된다. 미국이 만든 대기 질 모델은 휘발성 유기화합물과 질소산화물이 혼합된 미국의 대기 환경을 적용하고는 있으나, 우리나라를 비롯한 동북아시아의 대기는 둘뿐만 아니라 황산화물, 암모니아도 다량 함유하고 있다.

경북대학교 임호진 교수 팀은 경북대가 자체 보유한 소형 스모그 챔버에 우리나라 대기 환경 조건을 적용한 연구를 2017~2020년에 수행했다. 구체적으로 휘발성 유기화합물과 질소산화물, 이산화황, 암모니아가 혼합된 대기에서, 우리나라의 대표적 전구물질인 다섯 종의 휘발성 유기화합물(톨루엔, m-자일렌, 에틸벤젠, α-피넨, 이소프렌)이 2차 생성반응으로 얼마나 많은 미세먼지를 만들어내는지 분석하는 연구였다.

이렇게 연구진의 스모그 챔버 실험에서 확인된 2차 생성 미세먼지의 양은, 대기 질 모델에서 모의한 자료보다 훨씬 많았다. 즉 대기 질 모델이 2차 생성 미세먼지의 양을 실제보다 적게 모의한다는 사실을 밝혀낸 것이다. 현재 연구진은 더 많은 종류의 전구물질을 대상으로 미세먼지 생성량을 정확히 밝히는 연구를 추가 수행하고 있다. 또한 우리나라 대기 환경에서의 휘발성 유기화합물 관련 2차 생성 미세먼지 결과를 대기 질 예보 모델에 적용할 수 있는 후속 연구도 지속할 계획이다.

이러한 연구 결과를 통해 대기오염 물질별로 미세먼지를 얼마나 발생시키는지 정확히 파악한 뒤 대기 질 예보 모델에 적용한다면, 미세먼지 예측 정확도를 높일 수 있다. 더 나아가 어떠한 대기오염 물질과 배출원을 어떻게 관리해야 하는지, 과학적 근거를 기반으로 정책을 수립해 대기 질 개선 효과를 보다 높일 수 있을 것으로 기대된다.

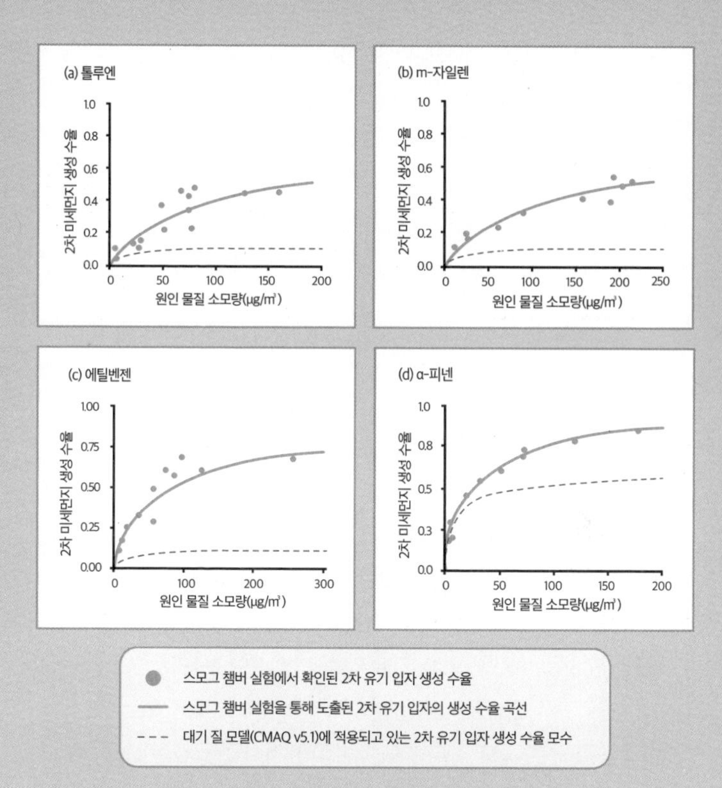

휘발성 유기화합물 농도(가로축)에 따른 2차 미세먼지 생성량(세로축).
스모그 챔버 실험으로 밝혀진 실제 대기 환경에서의 2차 미세먼지 생성량(초록색 선)과 대기 질 모델이 모의한 2차 미세먼지 생성량(주황색 선)을 비교한 결과, 우리나라 대기 환경 조건에서 실제로 생성되는 미세먼지 양이 대기 질 모델에서 모의한 것보다 훨씬 많다는 사실을 확인했다.

깨끗한 실내 공기 만들기

WHO의 2014년 보고에 따르면, 전 세계 공기오염 사망자 중 약 54퍼센트는 실내 공기오염으로 사망했다고 한다. 최근 수년간 지속된 고농도 미세먼지 현상으로 미세먼지에 대한 관심이 커지면서, 실내 공간에서 미세먼지를 저감할 수 있는 생활 보호 제품에 대한 수요가 크게 증가했다.

이러한 목적의 생활 보호 제품에는 대표적으로 공기청정기, 기계식 환기장치, 주방 레인지 후드가 있다. 생활 보호 제품은 정부 또는 민간 협회에서 인증 규격에 따라 제품을 시험·인증한 후 제조사에서 판매하고 있으나, 과거 인증 규격은 공기 청정 능력을 직접 평가하지 않고, 풍량을 기준으로 하는 환기 성능에 초점을 맞췄다.

또한 국가기술표준원 조사 결과에 따르면, 공기청정기 업체 가운데 정부가 제품 성능을 인증해주는 KS마크를 획득한 곳은 2018년 기준으로 두 곳뿐이었다. 따라서 대기업 제조사들은 정부 인증은커녕 민간 협회의 인증도 없이 자체적으로 품질 기준을 마련해 생활 보호 제품을 생산했다. 이로 인해 제품 성능에 대한 불신이 쉽사리 불식되지 못하고, 실내 공기 질을 위해 생활 보호 제품을 쓰는 문화가 정착되는 데에도 어려움이 있었다.

국가기술표준원은 공기청정기에 대해서 국가 표준 중 한국산업표준(KS C 9314)으로 1980년부터 품질을 인증했다. 주방 레인지 후드(KS C 9304)는 1970년부터, 기계식 환기장치(열회수형 환기장치, KS B 6879)는 2002년부터 한국산업표준으로 품질을 인증받았다. 공기청정기 성능 시험은 실제 환경이 아닌 밀폐된 시험 챔버에서 이뤄졌다. 한편 주방 레인지 후드와 기계식 환기장치의 경우에는, 공기 청정 능력이 아니라 풍량, 소음,

소비 전력 같은 기계적인 요소를 평가했다.

이러한 인증 평가가 바뀐 계기는 정부가 미세먼지 관리 종합 계획(2019)의 하나로 실내 공기 질 관리 강화 방안을 추진하면서부터다. 먼저 2020년 12월 기계식 환기장치에 대해 미세먼지 저감 성능을 평가하기 시작했다. 학교나 공동주택에서 사용되는 열 회수형 환기장치를 통해 실내로 유입되는 미세먼지에 대응하기 위해서다. 이어 다중 이용 시설에 설치되는 대용량 공기청정기에 대한 한국산업표준(KS C 9326)이 2021년 추가됐다. 한국공기청정협회나 한국설비기술협회 같은 민간 협회에서도 단체 표준(CA 인증)으로 생활 보호 제품들의 미세먼지 저감 성능을 인증하기 시작했다.

이런 가운데 한국기계연구원 한방우 박사 팀은 주택에서 사용하는 생활 보호 제품(공기청정기, 환기장치, 주방 레인지 후드)에 대한 성능 평가 방법을 개발하고, 주택 미세먼지 관리 가이드라인을 수립하는 연구를 추진했다.

연구진은 실제 실내 생활공간에서 시간에 따른 미세먼지 저감률인 청정화 능력 개념을 공기청정기뿐만 아니라 환기장치와 주방 레인지 후드에 최초로 적용했다. 또한 주택 기밀도와 실외 미세먼지 농도에 따른 실주택에서의 청정화 능력*을 비교·평가했다. 이어 생활 보호 제품군을 계절별, 조리 유무별 상황에서 에너지 비용을 30퍼센트 절감시키면서도 주택 미세먼지를 WHO 권고 기준인 1세제곱미터당 10마이크로그램 이하로 관리할 수 있는 운전 시나리오도 마련했다.

한방우 박사 팀은 연구 결과를 기반으로, 주택 내 미세먼지 발생원(요리, 청소, 외부 고농도 미세먼지 상황에서의 환기)에 따라 효과적으로 실내 공기 질을 관리할 수 있는 방법과 각 상황에 맞춘

* Clean Air Delivery Rate, CADR. 공기 정화 장치가 정격 풍량으로 운전되는 경우에 얻어지는 단위 시간당 오염 공기의 정화량.

생활 보호 제품의 올바른 사용법,* 생활 보호 제품의 유지 관리 방법에 관한 가이드라인을 도출했다. 이어 한국공기청정협회의 세 가지 단체 표준규격(공기청정기 주택 실환경 미세먼지 제거 성능 시험 방법, 환기 공기청정기, 실내 공기청정기)에 대한 제·개정 절차를 진행했다.

한편 실내 미세먼지 관리 연구 결과를 주택뿐만 아니라 학교에서도 적용할 수 있게끔, 관련 연구 사업이 추진되고 있다. 과학기술정보통신부와 교육부가 2019년부터 2024년까지 시행하는 '에너지 환경 통합형 학교 미세먼지 관리 기술 개발 사업'은, 실제 교실 환경에서의 내·외부 조건에 따른 미세먼지 오염 특성을 파악하고, 학생 활동도를 고려한 실내 미세먼지 농도 예측 모델을 개발하는 등, 관련 연구를 통해 중앙·개별 공기 정화 장치를 공조하여 교실 공기질을 관리하는 최적화 시스템 도출을 목적으로 수행되었다.

실제로 부산광역시 2개교, 대구광역시 1개교 교실을 선정해 연구를 수행한 결과, 교실 내에서 미세먼지 제거 시간이 단축되었으며, 부유 병원체는 저감되고 열 쾌적성은 개선되는 효과가 확인되었다. 이에 따라 정부는 학교 공기의 개선을 위해 법과 제도 정비를 함께 추진할 방침이다.

* 공기청정기는 출입문과 창문을 잘 닫고, 사용 면적에 적합한 기기를 써야 먼지를 빠르게 제거할 수 있다. 레인지 후드를 가동하는 한편, 마주 보고 있는 창문을 동시에 열어 맞바람 통풍을 만드는 것이 좋다. 환기장치는 필터 등급을 고려해 사용하는 것이 중요하다.

3부

여행을 떠나다

01 미세먼지가 이동하는 법

바람 따라 흐르고, 계절마다 다르다

미세먼지는 공기 중에 떠 있는 매우 작은 물체이기 때문에 기상의 영향을 크게 받는다. 말 그대로 바람 따라, 구름 따라 흘러가는 게 미세먼지다. 기상은 계절마다 특성이 다르므로, 미세먼지의 이동도 계절에 따라 달라진다. 가을이 시작되는 9월은 맑은 날씨가 이어지면서 미세먼지 농도가 가장 낮은 달이다. 이 시기 구름 한 점 없는 푸른 하늘은 대기 질 개선에 중요한 지표가 된다. 10월이 되면 기온이 낮아지고 일교차가 커진다. 11월에는 날씨가 쌀쌀해져 본격적인 난방이 시작된다.

우리나라는 1980년대 초반까지 난방 연료로 연탄을 많이 썼다. 지금은 액화천연가스를 주로 쓴다. 우리나라보다 1인당 국민소득이 낮은 중국에서는 석탄을 주로 쓰고 있다. 중국과 몽골의 농촌 지역의 주 연료는 땔감이나 갈탄*인데, 이들을 태울 때 생기는 오염 물질은 종종 바람을 타고 우리나라로 이동한다. 겨울에 접어들면 기압 배치가 바뀌면서, 우리나라를 지나는 바람이 북서쪽에서 불어오는 계절풍으로 바뀌기 때문이다. 겨울에는 추운 날씨로 인한 난방과 북서 계절풍이 상승 작용을 일으켜 미세먼지 농도가 높아진다. 이러한 상황은 2월까지 지속된다.

3월부터는 날씨가 풀리고 바람의 방향이 서서히 바뀐다. 5월이면 북서 계절풍의 영향이 사라진다. 무더위가 시작하는 6월 하순에는 장마철이 시작되면서 강우량이 많아진다. 여름에는 남동쪽이나 남서쪽에서 계절풍이 불어온다. 이 계절풍은 한반도 남쪽의 넓은 태평양에서 불어오는 것이기 때문에, 오염 물질이 없는 깨끗한 공기가 유입되면서 미세먼지 농도가 낮아진다. 또한 비가 많이 내려 대기에 떠 있는 오염 물질을 땅으로 씻어내면서, 공기는 더욱 깨끗해진다.

장마

북태평양기단과 오호츠크해기단, 또는 시베리아기단이 만나면서 정체전선이 형성되어 생겨나는 기상 현상이다. 6월 하순부터 7월 하순까지 정체전선이 남북으로 오르내리면서 동아시아 지역에 많은 비를 내린다.

* 유연탄의 일종으로서 가장 질이 낮은 석탄이다. 연소 시 이산화탄소, 일산화탄소, 미세먼지 등 각종 유독성 물질을 내뿜는다.

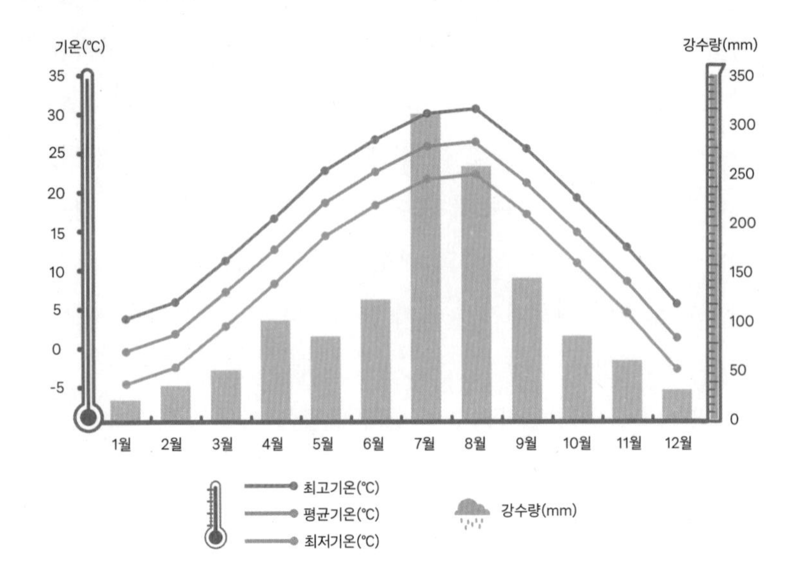

그림 3-1. 월별 기상의 변화(2011~2020년 평균)

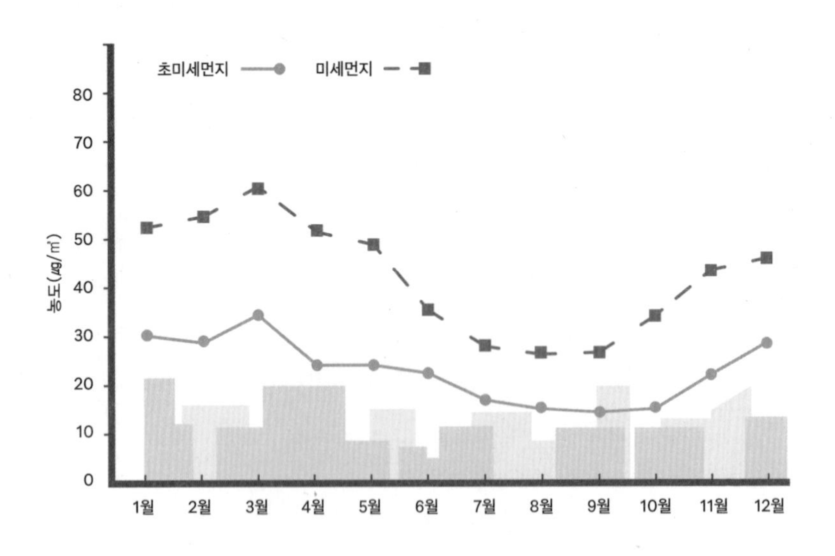

그림 3-2. 서울 월별 미세먼지·초미세먼지의 농도 변화(2015~2020년 평균)

종관 기상과 미세먼지

한반도 주변의 기압계 패턴은 대기안정도와 대기오염 물질 이동에 큰 영향을 미친다. 우리나라는 편서풍 파동대wave에 위치해 있다. 북반구 위도 30~60도에 해당하는 중위도 상층대기에서의 바람은 서쪽에서 동쪽으로 부는 편서풍으로, 파동 모양을 그리며 지구 주위를 사행蛇行 운동하는 이동 경로를 나타낸다. 파동대의 능ridge이 위치한 곳을 고기압계, 골trough이 위치한 곳을 저기압계라고 부른다. 편서풍 파동대가 이동함에 따라 기압계의 배치가 변화하고, 지역적인 풍속과 풍향이 결정된다. 이는 고농도 미세먼지 발생에도 영향을 준다.

편서풍

지구가 받는 태양에너지는 지역마다 편차가 있다. 적도 지방에서는 태양에너지를 많이 받고, 반대로 극지방에서는 태양에너지를 적게 받는다. 이러한 에너지 불균형을 해소하기 위해 대기대순환이 일어난다.

대기대순환은 크게 적도, 중위도, 극지방에서의 세 가지 순환으로 나뉘는데, 먼저 태양에너지로 많이 가열된 적도 지방에서는 따뜻한 공기가 상승하면서 직접 순환이 생긴다. 극지방에서도 찬 공기가 하강하면서 직접 순환이 생긴다. 반면 중위도지방에서는 적도와 극지방 순환에 의한 간접 순환이 생기는데, 이로 인해 바람이 남에서 북으로 불게 된다. 여기에 지구가 자전하기 때문에 생기는 전향력이 더해지면서, 바람이 동쪽으로 휘는 편서풍이 불게 된다.

이 같은 기압계 패턴과 이동 등을 종관synoptic 기상이라고 부른다. 종관 기상은 종관 규모 기상을 줄여 부르는 말이다. 종관 규모의 공간적 크기는 수평 방향으로 1,000~2,500킬로미터, 연직*으로 대류권 전체(약 10킬로미터)이며, 시간적으로는 열두 시간에서 수일 범위에 해당한다. 일기도에서 흔히 보이는 기단, 전선, 고기압, 저기압, 제트기류가 종관 규모의 기상 현상이다. 일기예보가 바로 종관 기상에 기초해 분석한 결과다.

종관 규모

대기과학에서 대기 운동은 시공간 규모에 따라 미규모, 중규모, 종관 규모, 지구 규모(행성 규모)로 나뉜다. 예를 들어 난류는 미규모, 뇌우나 집중호우, 해륙풍 등은 중규모, 편서풍이나 무역풍 등은 지구 규모에 해당하며, 종관 규모에는 고기압과 저기압, 태풍 등이 포함된다. 기상학에서 '종관'이란 특정 지역의 기상 현상을 이해하기 위해 해당 지역을 포함하는 넓은 지역의 대기 조건을 종합적으로 관측·분석하는 것을 나타낸다.

지상에서 나타나는 기상 현상은 지상 대기뿐만 아니라 상층대기의 영향을 받는다. 지구 대기권은 지표면에 가까운 순으로 대류권, 성층권, 중간권, 열권으로 구분되는데, 상층대기란 대략 10킬로미터 이상 고도에 위치한 대류권과 성층권 경

* 중력 방향, 즉 지표면에 대해 지구 중심 쪽으로 수직인 방향을 뜻한다.

계 정도의 대기를 일컫는다(반면 하층대기는 대략 3킬로미터 이하 고도의 하부 대류권 대기를 가리킨다). 상층대기와 지상 대기는 상호작용 하기 때문에, 상층대기의 등고선 일기도에서 나타나는 특징으로 지상 기압의 변화를 유추할 수 있다. 또한 상층 등고선의 패턴 변화를 예측한다면, 지상 기압의 추가 움직임도 예상할 수 있다.

지상에서 볼 수 있는 집중호우, 태풍, 뇌우, 돌풍 같은 기상 현상은 종관 규모보다 작은 시공간 규모에서 벌어지지만, 종관 규모의 환경(대기 불안정, 상·하층 기압계)이 맞아떨어져야 발생하는 것이다. 마찬가지로 대기오염 물질의 이동, 분포도 종관 기상의 영향을 받는다.

예를 들어 이동성 고기압계의 시계 방향 바람과 저기압계의 반시계 방향 바람이 합쳐지는 지역은 풍속이 빨라져 오염 물질의 운송 통로 역할을 하게 된다. 이때 바람이 불어오는 쪽을 풍상측windward side, 바람이 불어나가는 쪽을 풍하측leeward side이라 하는데(강물이 흘러 내려오는 쪽을 상류, 강물이 흘러나가는 쪽을 하류라 하는 것과 같다. 가령 에어컨 앞에 내가 서 있다면 에어컨의 위치가 풍상측, 바람이 불어나가는 내 뒤쪽이 풍하측이다), 풍상측에서 풍하측으로 오염 물질의 유입이 증가한다. 이 중 풍하측 지역은 자체 배출한 오염 물질에 더해 외부 오염 물질까지 유입되어 고농도 미세먼지가 발생하기 좋은 조건이 된다. 동북아시아에서는 중국이 풍상측, 한국이 풍하측에 해당한다.

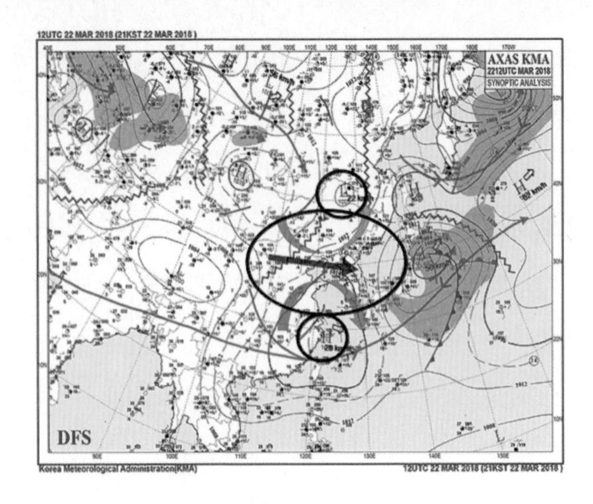

그림 3-3. 고농도 사례의 종관 기상을 보여주는 일기도
자료: 기상청, 2018. 3. 22. 21:00.

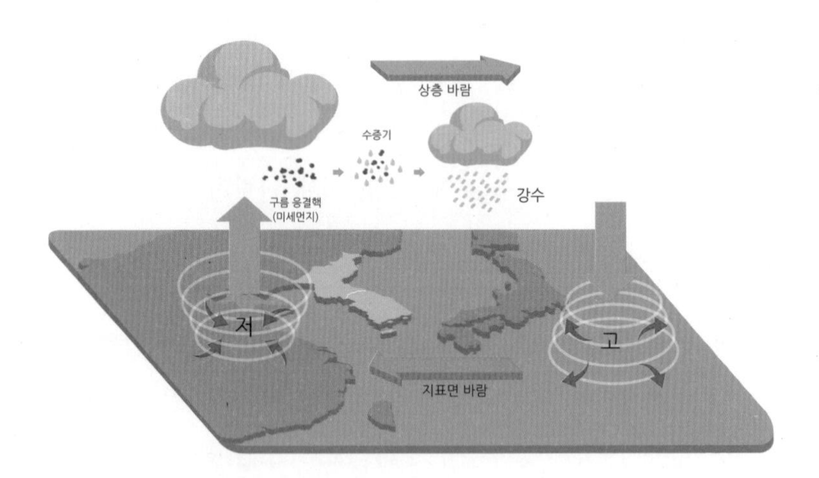

그림 3-4. 지상 기압 패턴에 따른 바람의 생성과 이동
태양 빛이 지구에 도달하면 지표면이 가열되고 기온이 높아져 공기가 상승한다. 그 결과 지표면의 기압이 낮아져, 상대적으로 저기압 상태가 된다. 상승한 공기는 상층 바람을 타고 이동하다 태양 빛을 덜 받는 지역에서 하강해, 지표면의 기압이 높아지고 상대적으로 고기압 상태가 된다. 따라서 지표면에서는 고기압 지역에서 저기압 지역으로 바람이 분다. 한편 대기 중 미세먼지는 구름을 만드는 씨앗 역할을 한다. 미세먼지가 많아지면 구름이 더 많이 생기고, 강수량도 많아진다.

대기 정체 현상

대기오염을 유발하는 가장 직접적 요인은, 대기로 배출된 오염 물질의 양이다. 하지만 배출량이 일정해도 대기 질은 하루하루 다르다는 사실을 경험적으로 알고 있다. 대기 질에 영향을 주는 또 다른 요인이 있는 것이다. 바로 '대기가 원활히 순환하는가'다. 대기오염 물질이 환기되고 있는지, 정체되어 있는지에 따라 대기 질도 달라진다.

2021년 11월 20일 국립환경과학원은 전국 대부분 지역에서 미세먼지가 '나쁨' 수준을, 특히 수도권과 충청권에서는 오전과 밤에 '매우 나쁨' 수준을 보이겠다고 예보했다. 실제로 창밖은 하루 종일 잿빛으로 가득했다. 국립환경과학원은 이날 중국에서 북서풍을 타고 유입된 미세먼지와 대기 정체 현상이 겹친 것을 고농도 미세먼지 현상의 원인으로 지목했다.

이처럼 대기오염의 원인으로 국외 유입과 대기 정체가 흔히 함께 언급된다. 국외에서 유입된 미세먼지에 국내에서 배출된 오염 물질이 더해지고, 여기에 대기 정체까지 일어나면 대기 질은 당연히 나빠진다. 결국 오염된 공기를 얼마나 빨리 희석해서 미세먼지 농도를 낮춰주느냐가 중요한데, 이를 결정하는 두 가지 기상 요소가 바로 바람과 대기안정도다.

바람이 강하면 대기오염 물질도 빠르게 이동해, 오염 물질이 영향을 미치는 시간이 짧아진다. 또한 강한 바람은 강한 난류를 일으켜 오염 물질을 주변 공기와 빠르게 혼합시킨다. 그만큼 오염 물질이 빨리 희석된다. 이처럼 바람은 대기오염 물질의 이동, 그리고 주변 공기와 혼합되는 정도를 결정한다.

바람이 주로 지표면과 수평으로 이동하는 공기의 흐름이라면, 대기 정체를 결정하는 수직 방향의 흐름도 있을 것이다. 보통 대기 정체는 수평적인 공간에서 공기의 흐름이 멈춘 것을 뜻하지만, 미세먼지가 존재하는 대기층은 3차원 공간으로 연직적인 구조까지 고려해야 한다.

따라서 대기층 안의 공기가 위아래로 원활히 순환하는지 여부도 대기 질에 영향을 주는데, 대기안정도는 상층의 깨끗한 공기와 지표 근처의 오염 물질이 얼마나 잘 섞이는지 결정하는 요소다. 대기안정도가 높으면 공기가 정체되어 그만큼 오염 물질도 축적된다.

대기 정체를 불러오는 기온역전

공기가 따뜻해지면 기체 분자운동이 활발해지면서 부피가 커진다. 이에 따라 밀도가 낮아진 공기는 가벼워져 위로 올라가려는 속성이 있다. 반대로 차가운 공기는 기체 분자운동이 느려져 부피가 감소하고, 상대적으로 무거워지면서 밑으로 가라앉게 된다. 이러한 공기의 움직임을 대류 현상이라 한다. 대류 현상에 의해 공기가 혼합되고 열이 확산된다. 우리가 살고 있는 대류권에서는 지표 부근의 온도가 가장 높고, 상층으로 갈수록 낮아진다. 따라서 지표 부근의 따뜻한 공기는 상승하는 한편, 상층에 있던 차가운 공기는 하강하면서 공기가 수직으로 혼합된다. 결국 대기가 위아래로 순환한다는 것은 이 과정의 반복인 것이다.

하지만 아래쪽의 공기가 따뜻해지지 않고 차가운 상태가 지속되면 위로 상승하지 않게 된다. 상대적으로 따뜻한 위쪽 공기도 계속 위에 머물게 된다. 즉 찬 공기가 아래에 위치하고 따뜻한 공기가 위에 머무는 기온역전 현상으로 인해 공기가 순환하지 않고 정체하는 것이다. 그 결과, 오염 물질이 빠져나가지 못하고 계속 축적된다.

일몰 후 밤사이 지표면이 급격히 식을 경우, 지표 부근에서 기온역전이 일어날 수 있다. 그러다 해가 뜨면 해소된다. 결국 지표면에 가까운 공기가 얼마나 빨리 따뜻해져 대기권 상층부로 활발히 올라가는지가 관건이다. 기온이 영하권으로 내려가는 겨울과 이른 봄에는 공기가 주로 지표면 근처 하층부에 머물면서 기온역전이 발생할 조건이 쉽게 갖춰진다. 다른 계절보다 대기 정체가 자주 일어나는 이유다.

고기압의 하강기류도 기온역전과 관련이 깊다. 미국 캘리포니아주의 고농도 대기오염이, 이 지역에 북태평양고기압이 자리할 때 발생하는 것이다. 고기압이 위치할 경우에는 지상의 바람이 고기압에서 저기압으로 불어나가면서 공기 덩어리가 빠져나간 공간이 생긴다. 이를 메우기 위해 상층에서 공기가 하강한다. 밀도가 낮은 상층 공기가 내려오면 주변 기압이 높아지면서 공기 덩어리는 수축하고, 공기 입자는 더욱 활발히 움직여 공기 덩어리의 온도가 상승하게 된다. 동시에 태평양에서 차가운 공기가 대기 최하층으로 유입되어 기온역전이 일어난다. 배출된 대기오염 물질이 그 지역에 축적되는 환경이 조성되는 것이다.

우리나라도 고기압의 영향권에 있을 때 대기(경계층)에서 하강기류가 강해져 공기가 정체된다. 봄철, 우리나라에 영향을 주는 이동성 고기압이 한반도를 통과하는 봄철 대기 정체가 자주 일어나는 이유다. 이때 오염 물질이 배출되면 환기가 잘 되지 않고 축적되면서 미세먼지 농도가 올라간다.

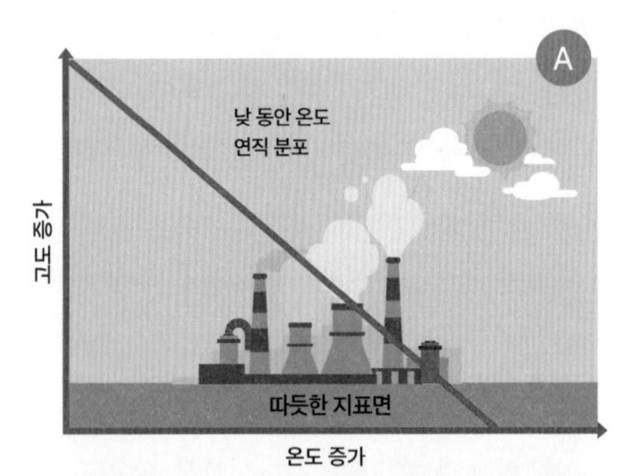

(a) 낮 동안 고도에 따른 기온 분포. 지표면 근처에서 기온이 가장 높고, 고도가 높아질수록 점차 낮아진다.

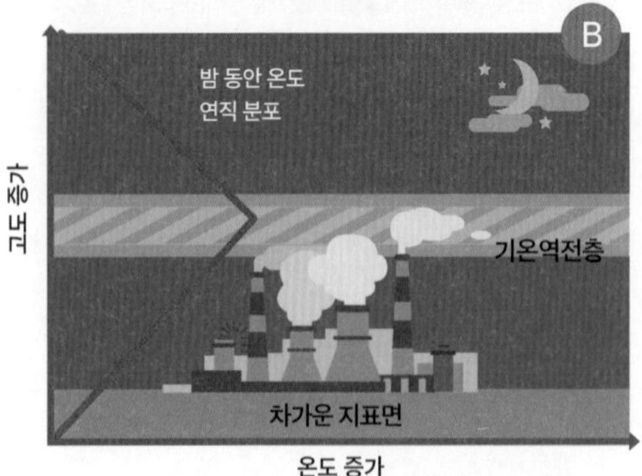

(b) 밤사이 지표면이 차갑게 식으면서, 지표면부터 기온역전층까지 기온이 증가하는 기온역전 현상이 발생한다. 기온역전층부터는 고도가 높아질수록 기온이 서서히 낮아지는 분포를 보인다.

그림 3-5. 지표면에서 기온역전 및 일반적인 온도의 연직 분포

미세먼지는 어디까지 올라갈까

공기는 팽창하고 수축하는 성질이 있다. 기온이 올라가면 공기 내 분자운동이 활발해져 공기가 차지하는 부피가 커진다. 기온이 내려가면 분자운동이 둔해지며 공기의 부피도 줄어든다. 따라서 낮과 밤에 기온이 오르내릴 때마다 지표면과 맞닿은 공기는 팽창과 수축을 반복하게 된다.

지표면에서 약 1,000킬로미터 높이까지 지구를 둘러싸는 대기권은 여러 개의 층으로 구분되는데, 지표면에 인접한 공기층을 대기경계층이라고 한다. 기온이 올라가는 낮에는 공기가 팽창하면서 대기경계층의 높이가 올라간다. 반면 기온이 내려가는 밤이면 대기경계층의 높이도 낮아진다. 마찬가지 원리로 여름에는 대기경계층이 높아지지만, 겨울에는 2~3배 낮아진다. 직육면체의 부피는 높이에 비례하므로, 겨울철 공기 부피는 여름보다 2~3배 줄어든다.

공장이나 건물, 자동차가 배출하는 대기오염 물질은 대기경계층에서 서로 혼합된다. 대기경계층 안에서 공기가 섞일 수 있는 공간이 얼마나 넓은지에 따라 오염 물질의 농도도 달라진다. 이 높이를 대기 혼합고atmospheric mixing layer height라고 한다. 즉 대기 혼합고는 대기가 수직 방향으로 혼합될 수 있는 높이라고 할 수 있다.

대기 혼합고는 대기경계층과 마찬가지로 지표면 온도에 따라 변한다. 강한 태양복사로 지표면이 가열되는 낮과 여름에는 혼합고가 높아지고, 지표면이 냉각되는 밤과 겨울에는 낮

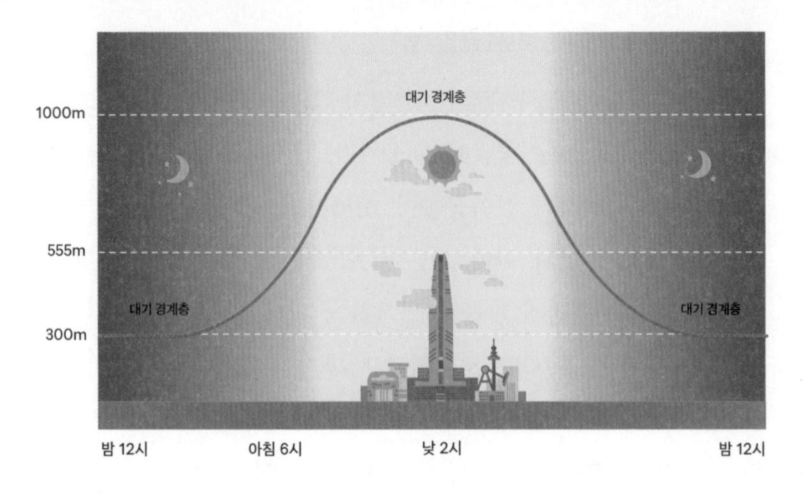

그림 3-6. 기온에 따른 대기경계층의 일변화
대기경계층의 높이는 가장 더운 낮 2시에 최고 높이를 보이다가, 밤 12시경 가장 낮아진다.

아진다. 대기 혼합고는 일반적으로 지표면에서 1,000~2,000미터 높이라고 알려져 있는데, 겨울철 야간에는 200~300미터까지 낮아진다는 연구 결과가 있다. 추운 겨울밤에는 서울 잠실 롯데월드타워(555미터)의 절반 높이까지만 대기가 혼합될 수 있는 것이다.

대기 혼합고에 따른 미세먼지 농도

같은 넓이에 천장 높이만 다른 두 공간에서 각자 모닥불을 피웠다고 가정해보자. 모닥불이 배출하는 초미세먼지의 양은 같다고 할 경우, 천장이 낮을수록 초미세먼지 농도가 높다는 사실을 직관적으로 짐작할 수 있다. 같은 원리로, 눈에 보이지 않지만 대기 혼합고가 천장 역할을 하는 것이다.

대기 혼합고가 낮아지면 반대로 미세먼지 농도는 올라간다. 미세먼지가 확산될 공간이 좁아지면서 농축 효과가 생기기 때문이다. 반대로 혼합고가 높아지면 미세먼지가 희석될 수 있는 공간이 넓어지는 만큼, 희석 효과에 따라 미세먼지 농도는 낮아진다.

농도는 부피(공간)당 질량으로 정의된다. 초미세먼지 농도 역시 단위 부피당 질량($\mu g/m^3$)으로 나타낼 수 있다. 수평적인 공기 이동이나 확산이 없고 대기오염 물질 배출량이 같다고 할 경우, 대기 혼합고가 2~4배 낮아지면 대기가 차지하는 공간 부피도 마찬가지로 그만큼 줄어들어 오염 물질 농도가 2~4배 높아지게 된다.

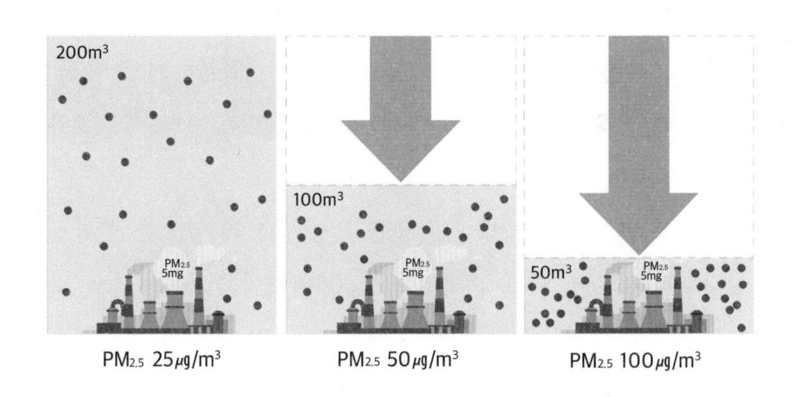

그림 3-7. 공간의 부피에 따라 달라지는 단위 부피당 초미세먼지 농도 변화

이처럼 대기 혼합고는 미세먼지 농도를 결정짓는 중요한 요인이다. 서울로 제한된 수평적 공간에서 대기 흐름이나 미세먼지 배출이 동일하다고 가정한다면, 혼합고가 낮은 날이 높은 날보다 미세먼지 농도가 높을 것이다. 낮보다는 밤, 여름철보다는 겨울철 혼합고가 더 낮다. 따라서 같은 조건이면 낮보다는 밤에, 여름보다는 겨울에 미세먼지 농도가 높아진다. 겨울철 고농도 미세먼지 현상이 빈번하게 발생하는 데는 이 시기 자주 나타나는 대기 정체뿐만 아니라, 낮아진 대기 혼합고도 원인이 된다.

대기 혼합고와 2차 생성 초미세먼지

굴뚝에서는 미세먼지와 함께 기체 상태의 오염 물질도 배출된다. 오염 물질은 대기에서 물리·화학적인 반응을 거쳐 미세먼지로 변할 수 있다. 굴뚝에서 이미 미세먼지 상태로 배출된 것을 1차 배출 미세먼지라고 한다면, 굴뚝에서 배출될 당시에는 질소산화물, 황산화물, 암모니아 같은 기체 상태의 오염 물질이었다가 대기 중 반응에 의해 초미세먼지로 변한 경우 2차 생성 미세먼지라고 부른다.

대기 혼합고는 2차 생성 미세먼지 증가에 꽤 중요한 역할을 한다. 예를 들어 대기 혼합고가 2,000미터에서 200미터로 낮아지면, 단순 계산으로 10배의 농축 효과가 생긴다. 단위 부피당 오염 물질 농도가 10배 높아진다는 뜻인데, 오염 물질이 서로 만날 수 있는 확률도 10배 높아지게 된다.

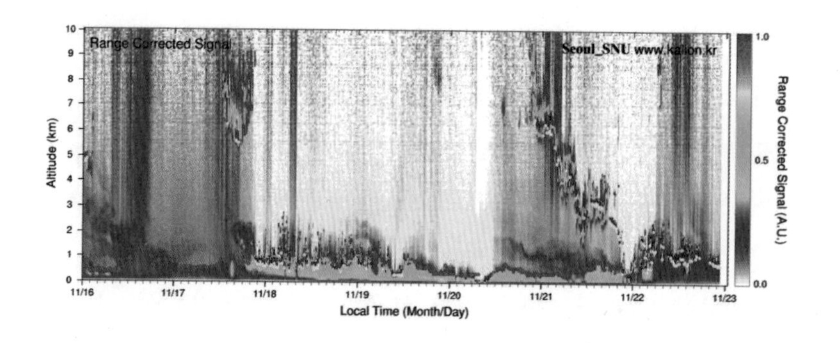

그림 3-8. 라이다 원격 관측으로 측정한 서울 지역 대기 혼합고(빨간 점)의 변화
자료: KALION, 2021. 11.

서로 만날 수 없던 오염 물질이 만나게 되면 대기 중에서 물리·화학적 반응을 일으켜 새로운 미세먼지 생성이 활발해진다. 따라서 대기 혼합고가 낮아지면 2차 생성 초미세먼지도 증가한다. 국내 초미세먼지 중 2차 생성 성분은 50~70퍼센트인 것으로 조사된다. 그 비율이 증가 추세에 있어서, 초미세먼지를 저감하는 데 2차 생성 미세먼지 관리의 중요성이 강조되고 있다.

해안 지역과 산악 지역의 바람

해가 떠 있는 동안 해안 지역에서는 육지와 바다가 함께 가열된다. 하지만 육지와 바다의 열용량 차이 때문에, 같은 햇빛을 받더라도 온도 상승 폭이 달라진다. 이때 열용량이란 물질의 온도를 섭씨 1도 높이는 데 필요한 열량을 말한다. 특히 물질 1그램의 열용량을 비열이라고 하는데, 물의 비열은 흙보다 4배 정도 크다. 다시 말해 물 1그램을 섭씨 1도 높이려면 흙보다 4배의 에너지가 필요하다는 뜻이다. 그런 만큼 바닷물의 온도를 올리기 위해서도 엄청난 에너지가 들기 때문에 바다의 온도는 쉽게 변하지 않는다.

이처럼 낮에 육지와 바다가 불균일하게 가열되면 둘 사이에 기압 차가 생겨서 바람이 불게 된다. 즉 육지의 공기가 빨리 데워져 상승하게 되면, 지표의 빈 공간을 메우기 위해 바다에서 육지로 바람이 부는 것이다. 이를 일컬어 해풍sea breeze이라고 한다. 반면 해가 지면 육지는 급격히 식고, 바다는 천천히 식는다. 비열이 낮다는 것은, 열량을 잃어 식는 것 역시 빠르다는 뜻이다. 육지는 비열이 낮아서, 밤에는 오히려 바다의 공기가 육지의 공기보다 따뜻한 상태가 된다. 따라서 바다 위 공기가 가벼워져 위로 뜨고, 해수면 위의 빈 공간을 육지의 공기가 이동해 채우게 된다. 이처럼 육지에서 바다로 부는 바람을 일컬어 육풍land breeze이라고 한다.

해륙풍의 강도나 크기는 연중 시기와 장소에 따라 다른데, 열대 지역은 1년 내내 강한 태양에너지를 받아 육지의 온도가 크게 상승하기 때문에 중위도 지역보다 강한 해풍이 빈번하게 발생한다.

산악 지역에서도 해륙풍처럼 불균일한 가열로 인해 바람이 분다. 태양이 비치는 낮에는 산 비탈면 공기가 계곡 바닥의 공기보다 빠르게 가열되어 상승하고, 그 빈 공간을 채우기 위

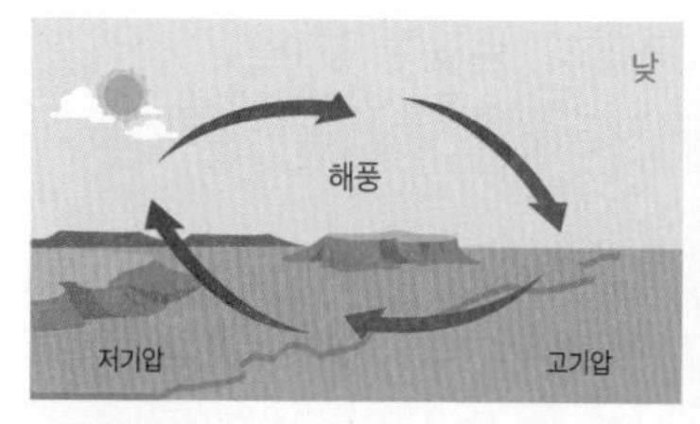

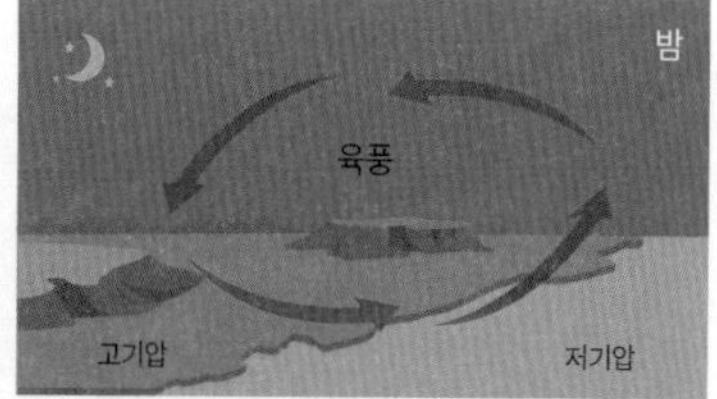

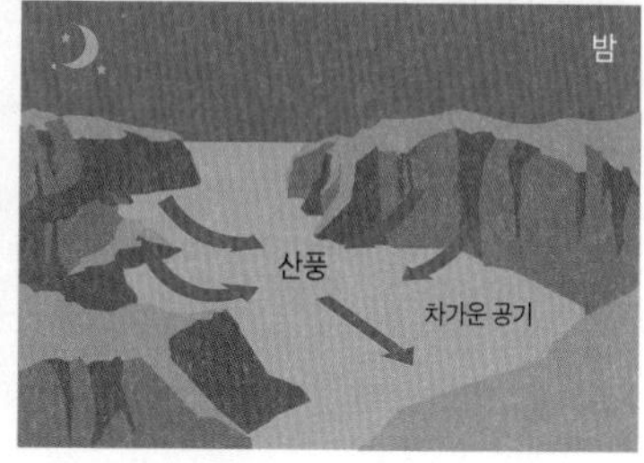

그림 3-9. 낮과 밤에 나타나는 해륙풍과 산곡풍
(위) 낮 동안 바다에서 육지를 향해 부는 해풍과, 밤 동안 육지에서 바다를 향해 부는 육풍이 형성되는 대기 순환을 해륙풍이라고 한다.
(아래) 낮 동안 산비탈을 타고 올라가는 곡풍과, 밤 동안 산비탈을 타고 내려가는 산풍이 형성되는 대기 순환을 산곡풍이라고 한다.

해 계곡에 있던 공기가 산 비탈면으로 올라간다. 이처럼 계곡 바닥에서 산 경사를 따라 올라가는 바람을 일컬어 곡풍valley breeze이라고 한다. 반면 일몰 이후에는 급격히 냉각된 산 경사면의 공기가 무거워지면서, 계곡 아래로 내려가는 산풍mountain breeze이 불게 된다.

국지 순환풍과 미세먼지

우리나라는 삼면이 바다로 둘러싸여 있으며 산악 지대가 국토의 70퍼센트 이상을 차지한다. 한반도 동쪽에 태백산맥과 더불어 크고 작은 산이 분포해 지형도 복잡한 편이다. 이러한 동고서저東高西低 지형은 기상 현상은 물론, 미세먼지를 이동시키는 바람(해륙풍, 산곡풍)에도 영향을 미친다.

예를 들어 강원도는 태백산맥을 경계 삼아 영동 지방과 영서 지방으로 나뉜다. 두 지역의 기상은 매우 다르다. 서풍이 불어오면 수도권과 충남 지역에서 배출된 오염 물질이 바람을 타고 이동하지만, 태백산맥에 막히면서 영동 지방으로는 넘어가지 못한다. 이로 인해 오염 물질이 태백산맥 서쪽에 축적되어, 원주를 비롯한 영서 지방과 충북 내륙의 대기 질이 나빠진다.

부산이나 인천 같은 큰 항구도시는 바다와 접해 있어 밤낮으로 바람의 방향이 바뀐다. 낮에는 육지로, 밤에는 바다로 바람이 분다. 이러한 해륙풍과 산악 지역 산곡풍을 합쳐 국지 순환풍이라고 부른다. 해안 지역 도시에서는 국지기상이 종관 기상과 함께 대기오염 물질의 이동에 큰 영향을 미친다.

항구도시는 원료나 상품 수송, 공업용수 수급에 유리한 입지 조건을 갖추고 있어 산업 단지가 조성된 경우가 많다. 따라서 해안 지역 국지 순환풍(해륙풍)의 특성을 고려해, 산업 단지에서 배출된 대기오염 물질의 영향이 가장 적은 곳을 주거지역으로 선정할 필요가 있다.

한편 우리나라 도시 상당수는 높은 산으로 둘러싸인 분지 지형이어서, 밤낮으로 바람의 방향이 바뀐다. 낮에는 도시에서 산으로 곡풍이 불고, 밤에는 산에서 도시로 산풍이 분다.

분지 지형은 평균 풍속이 약해, 밤사이 대기오염 물질이 축적되면 고농도 미세먼지 현상이 발생하기 쉽다. 따라서 찬 공기의 흐름을 만들 수 있는 국지 순환풍(산곡풍)의 특성을 고려해 토지이용 등 도시계획을 수립해야 한다.

도시를 환기시키는 바람길

국지 순환풍은 도심에서도 만들어진다. 빌딩이나 높은 구조물이 산과 같은 역할을 해서 산곡풍이 부는가 하면, 도시가 바다에 인접하거나 강, 호수를 끼고 있는 경우에는 해륙풍이 불기도 한다. 따라서 도시에서는 산곡풍이나 해륙풍 같은 국지 순환풍을 이용해, 대기가 정체되지 않도록 하는 '바람길' 설계가 중요하다.

바람길이나 도시 바람 통로urban ventilation corridor라는 명칭은 같은 뜻의 독일어 'Ventilationbahn'에서 유래했다. 좁은 의미로는 도시 환기, 또는 미세먼지 저감을 위해 물리적으로 개방된 공간을 뜻한다. 이에 더해, 넓게는 대기오염 개선을 위한 수목이나 시설물까지 포함한다.

바람길은 독일 남부 슈투트가르트에서 1970년대 후반에 최초로 도입되었다. 삼면이 산으로 둘러싸인 이 공업 도시는, 분지 지형 특성상 대기오염 물질을 환기시키는 바람이 약한 곳이었다. 밤사이 주변 산지에서 만들어진 찬 공기가 산풍이 되어 도시 쪽으로 내려오는 공간을 효율적으로 확보하는 것이 중요했다. 따라서 시 당국은 토지와 건물의 형태를 제한하고, 토지이용 계획과 지구 단위 계획(도시 내 소규모 지역을 대상으로 세우는 계획)을 세워 밤사이 산지에서 만들어진 차갑고 신선한 공기를 도심부로 유입시키는 데 성공했다. 더워진 도시를 시원하게 하면서 대기오염도 개선한 것이다.

일본 오사카 역시 분지 도시로, 도시 열섬 현상과 이상고온현상이 크게 나타났다. 이를 해결하기 위해 인공 열 저감, 고온화 억제, 바람·녹지·물에 의한 냉각 작용 활용을 골자로 하는 이른바 '바람길 비전' 정책을 2011년 수립했다. 바다와 인접해 있는 도시 특성상 국지 순환풍을 활용한 바람길을 설계했다. 오사카만에서 해풍이 불어올 때 주요 하천과 도로, 쿨 스폿이 되는 공원 녹지를 네트워크로 연결해, 도시에 시원한 바람이 통하게 하는 개념이었다.

미국 샌프란시스코는 1980년대까지 급속한 초고층화를 겪으면서 도심 내 저층부의 쾌적성이 크게 저하되는 문제가 생겼다. 따라서 1985년부터는 새로운 다운타운 계획을 수립할 때 바람에 의한 쾌적성 관련 규정을 적용하도록 했다. 홍콩은 높은 인구 밀도 탓에 2002~2003년 사스로 심각한 인명 피해를 경험했다. 이를 계기로 홍콩 정부는 대기 통풍의 중요성을 인식하게 되어 바람길, 건축 배치, 건축 배열, 건축 높이, 투과성 같은 분야를 선정해 도시 개발의 구체적인 가이드라인을 제시하고 도시계획에 반영했다.

우리나라도 바람길을 통한 미세먼지 저감 실험을 수행한 바 있다. 세종시 내 행복도시를 대상으로 바람길 모의실험을 한 결과, 오픈스페이스, 지형, 건물 배치, 건물 간격, 건축물 높이, 풍향·풍속 같은 요인들이 미세먼지 농도와 상호 연관성이 있다는 사실을 밝혀냈다.* 이어 도시 외곽 산림의 맑은 공기를 도심으로 끌어들이고, 오염된 공기는 배출하는 도시 바람길 숲이 2022년까지 세종시에 조성되었다.

* 박종순 외, 『미세먼지 저감을 위한 국토·환경 계획 연계 방안 연구—바람길 적용을 중심으로』, 국토연구원 보고서, 2019.

02 미세먼지를 관찰하다

미세먼지 이동의 관측

미세먼지는 매우 가벼워, 공기 중에 뜬 채로 바람에 의해 이동하게 된다. 대기 중의 무수히 많은 미세먼지가 시야를 가릴 때면 그 존재를 체감하지만, 그렇다고 정확한 공간 분포를 눈으로 파악하기에는 역부족이다. 따라서 국가마다 다양한 방법으로 미세먼지를 측정하는데, 여기에는 지상관측, 선박 관측, 항공관측, 라이다 장비 등을 활용한 지상 원격 관측, 위성 원격 관측, 타워 관측 등이 있다.

이렇게 얻은 관측 데이터로 미세먼지의 공간 분포와 생성 과정을 규명하고 국외 기여도 분석, 미세먼지 예보 등을 수행한다. 국내 미세먼지 측정망은 지상 측정소 기준으로 현재 500여 개가 있다. 하지만 대도시 위주로 구축되어 있다 보니 해상이나 산악 지역에 관측 공백이 존재한다. 상층대기의 미세먼지를 관측하지 못하는 문제도 있다.

우리나라는 1990년대 중반부터 대기오염 물질의 장거리 이동에 관한 연구와 더불어 초미세먼지 관측 또한 시작했다. 특히 중국 대륙에서 넘어오는 대기오염 물질의 양과 이동 경로 등을 파악하기 위해 제주 고산리에 지상 측정소를 설치했다. 고산 측정소는 제주도 서부 해안 지역에 위치해, 국내에서 발생한 미세먼지의 영향을 비교적 적게 받는 곳이다. 이곳에서는 장기간 미세먼지를 샘플링하는 한편, 농도와 화학 성분을 분석해 국외에서 넘어오는 미세먼지의 이동을 추정한다.

제주도 고산은 우리나라 배경 대기 지역 중 하나로, 인위적 배출원이 거의 없는 청정 지역이다. 또한 지리적으로는 동북아시아의 중심에 있다. 한반도와 중국, 일본으로부터의 대기오염 물질 장거리 이동을 관측할 수 있는 장소이기에 핵심 관측 지점으로 선정되었다.

미세먼지 관측에는 인공위성의 역할도 중요하다. 특히 중국에서 유입되는 미세먼지의 관측 수단으로는 인공위성이 거의 유일하다. 미세먼지가 지나는 길목인 서해에는 지상관측망이 없을 뿐만 아니라, 중국의 지상관측망이 측정한 (준)실시간* 자료 또한 우리나라와 공유되지 않기 때문이다. 따라서 중국 대륙과 서해를 내려다보는 인공위성 관측으로 미세먼지 배출량이나 이동 양상을 파악하고 있다. 이때 활용되는 인공위성으로

* 측정 자료를 처리하는 데 소요되는 시간을 감안해, 실시간에서 약 30~60분의 시간 차를 둔 상태를 나타낸다.

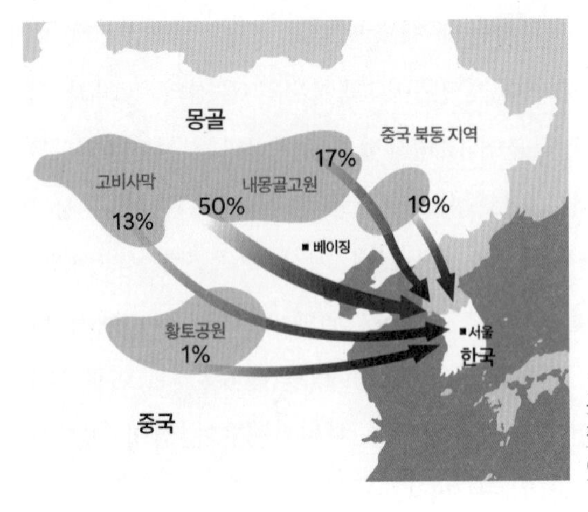

그림 3-10. 황사의 주요 발원지와 이동 경로

는 전 지구를 관측하는 극궤도 위성과 정지궤도 위성이 있다.

극궤도 위성, 정지궤도 위성

극궤도 위성은 적도면과 수직에 가까운 각도로 남극과 북극 상공을 통과해 궤도를 도는 인공위성이다. 같은 지역을 하루에 두 번 지난다. 지구는 자전하기 때문에 지구의 모든 곳을 볼 수 있다. 대표적으로 정찰위성, 전 세계 관측용 기상위성 등에 활용된다. 주로 800~1,000킬로미터로 고도가 낮기 때문에, 기상 및 대기오염 물질을 자세히 관측할 수 있다.

한편 정지궤도 위성은 약 3만 6,000킬로미터의 고도에서 지구의 자전과 동일한 속도로 지구를 공전하는 인공위성을 말한다. 지상에서 볼 때에는 항상 동일한 위치에 정지해 있는 것처럼 보인다. 따라서 한 지역을 24시간 내내 관측할 수 있으므로 급변하는 기상 현상 추적, 대기오염 물질의 연속 관측이 가능하다.

미세먼지 연직 분포를 측정하는 라이다

미세먼지는 높은 고도에서 바람을 타고 이동하는 경우가 많다. 이에 비해 지상 측정소는 지상으로 떨어지는 낮은 고도(지표면에서 0.2~20미터)의 미세먼지만 포집해 측정한다. 지상 측정소를 통해서는 고도에 따른 미세먼지 분포를 파악하기 어렵다는 뜻이다. 하지만 에어로졸 라이다Aerosol Lidar라는 장비를 이용하면 연직 방향의 미세먼지 분포나 이동 고도를 파악할 수 있다. 이 장비는 매우 비싸 국내에서는 기상청, 서울대, 울산과학기술원 등 일부 기관만 운영하고 있다.

'라이다Lidar, light detection and ranging'는 명칭 그대로 레이저를 목표물에 발사한 후, 반사되는 레이저 신호로 물체를 감지하는 원격 관측 장비다. 레이저가 반사돼 돌아오는 시간과 강도 등을 통해, 구름 입자 같은 대기 물질의 분포나 이동을 측정할 수 있다. 마찬가지로 미세먼지의 연직 분포를 파악하려면, 하늘을 향해 연직으로 레이저를 쏘면 된다. 대기 중에 떠 있는 미세먼지의 양과 형상에 따라 미세먼지에 부딪혀 반사되는 레이저의 양이 달라지므로, 이를 분석해 미세먼지의 연직 분포를 산출할 수 있다.

라이다는 레이더Radar, radio detection and ranging와 혼동하기 쉽다. 전자기파를 발사한 후, 반사되는 전자기파 신호로 물체를 탐지한다는 점에서는 비슷하다. 하지만 라이다는 가시광선 영역의 레이저를 쓰는 반면, 레이더는 비교적 긴 파장대인 마이크로파, 라디오파 같은 전파를 사용한다는 점이 다르다.

라이다와 레이더는 발사하는 전자기파의 파장이 다른 만큼, 측정 대상과 쓰임새도 각기 다르다. 물체 크기에 비해 파장이 너무 길면 물체를 그대로 통과해버리기 때문에 측정 불가능한 것이다. 따라서 비교적 큰 빗방울이나 눈송이를 감지할 때는 수 센티미터 파장의 전파를 쏘는 기상 레이더를 쓴다. 반면 구름 속 수증기처럼 아주 작은 물체를 측정할 때는 250나노미터nm(1나노미터는 10억 분의 1미터다) 파장의 레이저를 쏘는 기상 라이다를 쓰게 된다. 마찬가지로 10마이크로미터보다 작은 미세먼지를 감지하려면, 짧은 파장의 레이저를 발사해 측정하는 라이다가 동원된다.

미세먼지, 황사 등 에어로졸 측정에는 '미 산란 라이다Mie scattering Lidar'라는 장비가 가장 보편적이다. 산란은 빛이 물체와 충돌하면 여러 방향으로 흩어지는 현상인데, 대기 중에 부유하는 미세먼지나 빗방울 등은 미Mie 산란을 일으킨다. 미 산란은 입자의 크기가 빛의 파장과 비슷하거나 큰 경우에 나타나는 산란이다. 레이저가 물체의 뒤쪽으로 강하게 산란하는 특성이 있다. 에어로졸 농도가 높을수록 후방산란 강도가 커지는 경향이 있다. 정량적인 에어로졸의 종류와 양은 라이다 방정식을 이용해 산출한다.

우리나라는 한반도 에어로졸 라이다 관측 네트워크KALION을 구축해 황사, 미세먼지 같은 에어로졸의 발생과 이동 상황을 실시간으로 감시하고 있다. 에어로졸 연직 분포나 유형, 질량 농도 같은 정보는 KALION 웹사이트에서 확인할 수 있다.

미세먼지 공간 분포를 파악하는 환경 위성

중국을 비롯해 국외에서 유입되는 미세먼지는 우리나라 대기 질에 적잖은 영향을 미치고 있다. 동북아 장거리 이동 대기오염 물질 국제 공동 연구에 따르면, 2017년 기준 우리나라 3개 도시(서울·대전·부산)의 초미세먼지는 한국 배출원이 평균 51.2퍼센트, 중국 배출원이 31.2퍼센트가량 기여한 것으로 나타났다. 고농도 미세먼지 현상이 빈번하게 발생하는 시기에는 국외 영향이 더욱 커져서, 중국 배출원이 기여하는 비중이 위의 연구 결과보다 높은 것으로 알려졌다. 우리나라는 국제 협력을 통해 중국이 측정한 자료를 제공받고 있으나, 국외 유입 미세먼지 현상을 더 정확히 분석하려면 고해상도의 관측 자료가 필요하다.

앞서 설명한 에어로졸 라이다는 한 지점에서 연직 분포 정보만 제공하므로, 넓은 지역에 걸친 미세먼지 공간 분포를 파악할 때는 다른 관측 수단을 이용해야 한다. 인공위성이 이러한 역할을 하게 된다. 인공위성에 환경 센서를 장착한 환경 위성은 태양 빛이 지표면과 부딪혀 반사되는 특성을 이용해 대기층에 포함된 온실가스와 대기오염 물질을 분석한다.

환경 위성에서 얻을 수 있는 미세먼지 관련 정보로는 에어로졸 광학두께aerosol optical depth, AOD가 있다. 광학두께는 태양복사 에너지가 대기층을 통과해 지면에 도달하기까지 소실되는 정도를 뜻한다. 따라서 에어로졸 광학두께는 태양복사 에너지가 에어로졸로 인해 산란 또는 흡수되어 얼마나 소실됐는지 측정해서 에어로졸 농도를 파악할 수 있게 해준다. 광학두께 값이 클수록 대기 중에 에어로졸이 많다는 뜻이 된다. 전문가들은 에어로졸 광학두께를 지표에서의 미세먼지 농도와 연계해 미세먼지 농도의 공간 분포를 산출하고 있다.

이처럼 환경 위성은 넓은 지역을 한 번에 관측한다는 장점이 있지만, 연속적으로 측정할 수 없다는 단점도 있다. 대부분의 환경 위성은 주로 700~1,500킬로미터 상공에서 지구 주위를 회전하는 저궤도 위성이다. 지역마다 관측 주기가 조금씩 다르지만 하루에 1~2회 정도만 관측 가능하다. 위성의 회전 주기와 지구 자전 주기에 따라 위성이 관측 대상 지역을 통과할 때만 관측 가능하기 때문이다.

이러한 한계를 극복하기 위해 우리나라는 2021년 2월 세계 최초로 정지궤도 환경 위성인 천리안 2B호를 발사해 운영하고 있다. 정지궤도 위성은 지구 자전과 동일한 속도로 지구 주위를 회전하기 때문에, 지상에서 봤을 때 한 지점에 정지해 있는 것처럼 보인다. 천리안 2B호는 동경 128.2도, 적도 상공 3만 5,786킬로미터 높이에서 지구 자전과 같은 속도인 초속 4.2킬로미터로 움직인다. 우리나라는 동경 124도에서 132도 사이에 있으므로, 천리안 2B호는 한반도 상공에 늘 떠 있는 셈이다.

천리안 2B호는 환경 탑재체라는 관측 센서를 통해 동아시아의 대기 환경을 감시하고 있다. 이 환경 탑재체에는 '자외-가시광 영역 초분광계'가 장착되어 있다. 분광계spectrometer는 물질이 방출하거나 흡수하는 파장을 파장 영역별로 간격을 작게 분해해 특정 파장의 신호를 관측하는 초정밀 광학 장비다.

환경 위성에 탑재된 분광계는 일반 분광계에 비해 높은 분광 해상도를 갖고 있어, 초분광계hyper-spectrometer라고 부른다. 자외-가시광 영역 초분광계라는 명칭은 측정 대상이 되는 300~500나노미터 파장 영역이 자외선 영역(10~380나노미터)과 가시광선 영역(380~780나노미터)에 걸쳐 있다는 뜻이다. 자외선과 가시광선 영역을 측정하므로, 해가 떠 있는 낮 시간 동안에만 관측 가능하다.

환경 탑재체는 지구에서 반사되는 300~500나노미터 파장 영역의 태양복사 에너지를 0.2나노미터 간격의 1,000개 파장으로 나눠 각 파장의 복사량을 측정한다. 지구에 부딪혀 반사되는 햇빛은 인공위성에 도달하는 과정에서 수많은 대기오염 물질을 만난다. 물질은 고유의 물리·화학적 특성에 따라 특정 파장대의 에너지를 흡수하는 성질이 있다. 대기오염 물질도 마찬가지로, 햇빛에서 흡수하는 파장 영역이 종류마다 다르다.

천리안 2B호는 이러한 원리를 이용해 대기오염 물질의 종류를 판별하게 된다. 환경 탑재체에서 감지되는 특정 파장대의 신호가 적으면, 공기 중에 해당 파장을 잘 흡수하는 대기오염 물질이 그만큼 많다는 뜻이 된다. 가령 이산화질소는 432~450나노미터, 이산화황은 210~326나노미터, 오존은 300~340나노미터, 폼알데하이드HCHO는 328.5~356.5나노미터, 글리옥살OCHCHO

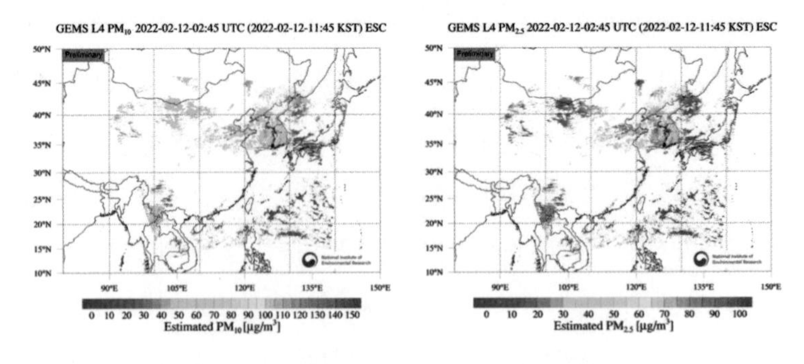

그림 3-11. 천리안 2B호에서 관측한 아시아 대기 질 영상
자료: 환경위성센터, 2022. 2. 12.

은 435~461나노미터의 파장대를 사용해 판별한다.* 이를 통해 천리안 2B호는 한반도 상공에 있는 대기오염 물질의 발생과 구성 성분, 농도, 이동 경로까지 파악할 수 있다.

최근에는 위성 관측에 인공지능 기법을 접목해서 미세먼지 측정의 정확도를 높일 뿐만 아니라, 지상 측정소가 없는 지역의 미세먼지 농도까지 파악하는 시도가 이뤄지고 있다. 이를 통해 중국이나 북한처럼 접근이 어려운 지역의 미세먼지 농도도 간접적으로 알 수 있게 된다.

미세먼지 이동의 모사

비행기나 자동차 주위의 공기 흐름을 다루는 공기역학은 공

* Kim, J. et al., "New era of air quality monitoring from space: Geostationary Environment Monitoring Spectrometer(GEMS)," *Bulletin of the American Meteorological Society* 101, 2020, pp. 1~22.

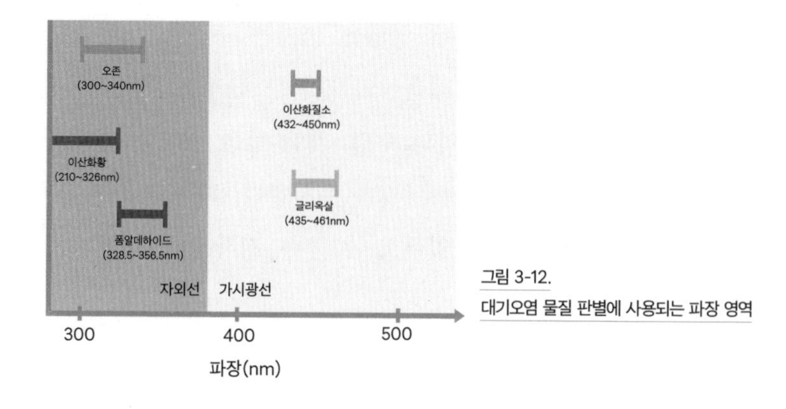

그림 3-12.
대기오염 물질 판별에 사용되는 파장 영역

기의 흐름을 수식으로 표현해 프로그래밍을 거침으로써, 매우 복잡한 공간에서 일어나는 흐름까지 알아낼 수 있다. 동북아시아처럼 넓은 지역에 걸친 복잡한 미세먼지의 이동도 이와 유사하게 대기 질 모델링이라는 방법으로 파악할 수 있다.

대기 질 모델은 대기오염 물질의 이동, 반응 등에 관한 수많은 방정식으로 구성돼 있다. 방정식은 물리·화학적 현상을 이론적으로 표현한 수식인 이상, 실제 자연 현상을 완벽하게 모사하지는 못한다. 그럼에도 대기 질 모델을 통해, 넓은 공간에서 시간에 따라 변하는 미세먼지 농도에 관해 비교적 정확한 자료를 출력할 수 있다.

대기 질 모델에 입력하는 자료는 기온, 기압, 풍향, 풍속, 상대습도, 강수량 등의 각종 기상정보와 대기오염 물질 배출량이다. 기상정보는 주로 기상청에서 제공받고, 배출량은 매년 국가에서 분석·제공하는 대기오염 물질 배출량 통계 등을 사용한다. 우리나라 대기 질에 영향을 미치는 주변국의 배출량 정보도 필요하다. 하지만 배출량의 정확한 산정은 아직 불가능에 가깝다. 개인이나 기업의 수입, 재산 등을 정확히 파악해 세금을 징수하는 일이 어려운 것과 유사하다. 배출량 산정 시 누락되는 정보를 최대한 없애고, 배출량 정확도를 개선하는 연구들이 이어지고 있다.

대기 질 모델에서 얻은 결과는 대기오염 측정소가 실제 관측한 자료와 비교하는 방식으로 모사의 정확도를 평가하기도 한다. 관측 자료와 최대한 일치하려면 우선 입력 자료인 기상 정보와 배출량의 정확도를 높여야 한다. 또한 대기오염 물질의 이동, 반응에 관한 방정식 모델의 불확실성을 개선할 필요가 있다. 이를 위한 연구들이 지속되고 있으며, 최근에는 인공지능을 접목해 대기 질 모사의 정확도를 높이는 시도도 이뤄지고 있다.

03 미세먼지와 기후변화의 상호작용

기상과 기후의 차이

기상은 하늘에서 일어나는 물리적 현상이다. 눈, 비, 바람, 구름, 안개, 번개, 태풍, 황사 등이 기상 상태에 해당한다. 한편 기후는 한 지역에서 오랜 기간에 걸쳐 발생하는 평균적인 기상 현상이다. 통상적으로는 WMO가 정한 대로 30년 동안의 평균값이 기준이다.

기후에 영향을 주는 기후인자에는 위도, 해발고도, 지형, 수륙분포, 지면 피복,* 해류 등이 있다. 기후를 나타내는 기본 물리량, 즉 기온, 습도, 강수, 바람 같은 기후 요소들은 대기권·수권·지권·생물권·빙권 등 5개 권역의 기후 시스템에서 서로 연결되어 에너지와 수분을 교환한다. 이 같은 복잡한 상

* land cover. 지표의 물리적 특성을 분류해 나타낸 것이다. 초지, 숲, 나지, 도시, 수계 등 다양한 유형으로 구성된다.

호작용은 기후 시스템에 변화를 줄 수 있다.

미세먼지와 기후변화의 상호작용

이산화탄소 같은 온실가스가 기후변화에 영향을 준다는 사실은 잘 알려져 있다. 그렇다면 인간이 배출하는 미세먼지는 기후변화와 관련이 있을까. 최근 들어 미세먼지와 기후변화가 서로 영향을 주고받으며 상호작용 한다는 사실이 주목받고 있다. 농경지를 개간하고 화석연료를 사용하는 과정에서 배출되는 미세먼지가 기후에 영향을 주는가 하면, 반대로 여름 또는 겨울철 몬순*과 같은 기후 현상이 바람, 기압, 강수량 등을 변화시켜 미세먼지 농도를 올릴 수도 있다.

온실가스가 오랜 기간 대기에 머물며 지구 전체에 영향을 주는 반면, 미세먼지는 비교적 단기간 대기를 떠다니기 때문에 동북아시아 규모의 기후에 영향을 준다. 우리나라가 위치한 동북아시아 지역은 미세먼지와 기후변화의 상호작용이 다른 지역보다 더욱 크다고 할 수 있다. 중국을 중심으로 미세먼지 오염이 특히 심한 지역 중 하나이기 때문이다.

미세먼지가 기후에 영향을 주는 사례로는 우선 지구의 평균 기온을 낮추는 냉각 효과를 들 수 있다. 대부분의 미세먼지는 햇빛을 지구 밖으로 반사하는 역할을 한다. 또한 대기 중 수

* monsoon. 계절의 변화에 따라 바람의 방향이나 강수량이 변화하는 현상을 말한다. 예를 들어 우리나라의 장마는 동아시아 몬순에 해당한다. 동남아 지역의 건기와 우기는 열대 몬순이다.

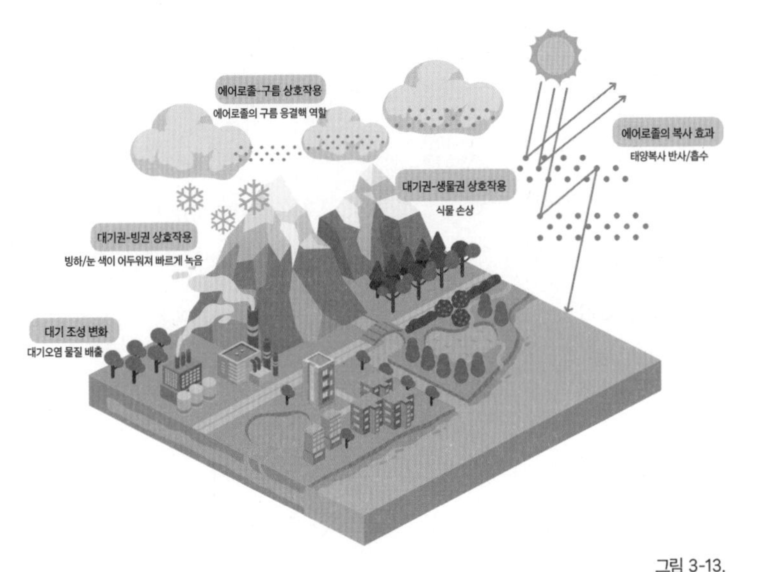

그림 3-13.
지구 기후 시스템에서의 대기 질과 기후변화의 상호작용

증기와 결합해 구름 생성을 촉진하는데, 구름 역시 햇빛을 반사한다. 이렇게 미세먼지가 햇빛을 차단해 우주로 돌려보내는 역할을 하게 되면, 지구에 도달하는 태양에너지가 줄어들어 냉각 효과를 일으킨다.

반대로 일부 미세먼지는 온실효과를 줄 수 있다. 미세먼지의 구조나 색상에 따라서는 햇빛을 흡수하는 미세먼지도 있기 때문이다. 예를 들어 경유 차에서 배출되는 검댕 같은 어두운 색상의 미세먼지는 빛을 잘 흡수해서 온실효과를 유발한다. 검댕이 빙하에 쌓이면 열이 축적되어 빙하가 더욱 빨리 녹게 되는데, 이는 지구 전체의 물순환에도 영향을 준다.

이 같은 미세먼지와 기후변화의 상호작용을 보다 확장하면 크게 다섯 유형으로 구분할 수 있다. 첫째는 대기오염 물질과 온실가스의 배출로 대기의 구성 성분이 바뀌어 스모그가 일어나거나, 지표에 도달하는 에너지(엄밀히는 복사 강제력*)에 변화를 주는 경우다. 기온이나 강수량 같은 기상 패턴이 바뀔 수 있는 것이다.

둘째는 에어로졸과 태양복사의 상호작용이다. 앞서 설명했듯 에어로졸의 광학적 특성에 따라 햇빛(태양복사)을 반사(산란)하거나 흡수해 기온을 변화시키는 것이다. 에어로졸이 햇빛을 반사하면 기온이 내려가고, 흡수하면 기온이 올라간다. 셋째는 에어로졸과 구름의 상호작용이다. 대기 중에 배출된 에어로졸이 구름의 응결핵** 역할을 하면서 구름이 더욱 잘 만들어지도록 한다. 구름은 햇빛을 반사해 지구를 냉각시키고, 강수량을 증가시킬 수 있기 때문에 기후변화에 영향을 주는 요소라고 할 수 있다.

* radiative forcing. 온실가스, 에어로졸 같은 인자가 지구-대기 시스템에 영향을 주어 에너지 평형을 유지하거나 변화시키는 영향력의 척도를 말한다. 잠재적으로 기후변화 메커니즘에서 중요한 지표가 된다. 양(+)의 복사 강제력은 지표면의 온도를 올리고, 음(-)의 복사 강제력은 지표면 온도를 떨어뜨리는 경향이 있다.

** 구름은 대기 중의 수증기가 응결해 물방울이 되면서 생겨난다. 이때 수증기들이 모여서 붙을 수 있는 작은 입자가 필요하다. 응결핵은 수증기가 응결할 때 이와 같이 중심(핵)이 되는 공기 중의 입자를 말한다. 에어로졸(미세먼지), 화산재, 해염 입자 등이 응결핵의 역할을 할 수 있다.

넷째는 대기권과 생물권의 상호작용이다. 대기 중에 이산화탄소가 증가하면 온실효과로 기온이 올라가고, 식물이 생장하기 쉬운 조건이 된다. 식물에서는 휘발성 유기화합물이 방출되는데 이를 일컬어 '생물 유래 휘발성 유기화합물'이라고 한다. 휘발성 유기화합물은 대기 중의 질소산화물과 반응해서 오존을 생성한다. 결국 이산화탄소의 증가로 식물이 번성하면 생물 유래 휘발성 유기화합물의 배출이 많아지고, 그만큼 대기 중의 오존이 증가하게 된다. 오존은 이산화탄소를 흡수하는 식물을 죽게 하거나 농작물의 수확량을 감소시킨다.

다섯째는 대기권과 빙권의 상호작용이다. 지표면에 쌓인 눈과 극지방의 빙하는 햇빛을 반사해서 기온을 낮추는 역할을 한다. 하지만 검댕처럼 빛을 흡수하는 미세먼지가 눈이나 만년설, 빙하에 축적될 경우, 지구 밖으로 반사되는 햇빛의 양이 줄게 된다. 이는 기온 상승을 일으켜 눈과 빙하를 빠르게 녹이고, 바닷물의 수위를 올리는 등 전 지구적인 물순환에 영향을 주게 된다.

기후변화가 미세먼지를 증가시킨다

기후변화로 건조하고 더워진 날씨는 세계 곳곳에 가뭄을 일으키고, 산불 발생의 빈도와 규모, 지속 시간을 증가시킨다. 산불 연기에는 미세먼지와 초미세먼지, 질소산화물, 일산화탄소 같은 대기오염 물질이 포함되어 있다. 또한 유기물질인 풀과 나무의 불완전연소로 인해 폼알데하이드, 글리옥살처럼 독성이 강한 휘발성 유기화합물도 산불 연기와 함께 배출된다.

건조해진 기후로 세계 곳곳에 사막화가 가속화되고, 사막의 모래폭풍도 강력해지고 있다. 그중 몽골과 중국 지역의 사막화는 봄철 우리나라의 대기 환경에 많은 영향을 미친다. 기온이 상승하면서 눈으로 덮여 있어야 할 땅이 일찍 드러나고, 토양은 더욱 건조해져 황사가 발원할 가능성이 과거보다 높아졌다.

최근에는 기후변화가 중위도 지역의 풍속을 떨어뜨리고, 대기안정도를 높인다는 연구 결과도 나오고 있다.* 바람은 기압이 높은 곳에서 낮은 곳으로 이동하는 공기의 흐름으로, 기압의 차이 때문에 발생한다. 기온이 낮아지면 공기가 수축해서 기압은 높아지고, 기온이 올라가면 공기가 팽창해서 기압은 낮아진다. 따라서 바람은 기압이나 기온 차이가 클수록 강해진다. 중위도 지역의 바람이 약해지는 이유는 기후변화에 따라 고위도 지역의 기온이 크게 상승하면서 저위도 지역과의 기온차가 줄고, 그만큼 기압 차이도 줄어든 것이 원인으로 분석된다.

* Zou, Y. et al., "Arctic sea ice, Eurasia snow, and extreme winter haze in China," *Science Advances* 3, 2017, e1602751; Lee, D. et al., "Long-term increase in atmospheric stagnant conditions over northeast Asia and the role of greenhouse gases-driven warming," *Atmospheric Environment* 241, 2020, 117772; 이현주 외, 「한반도 미세먼지 발생과 연관된 대기 패턴 그리고 미래 전망」, 『한국기후변화학회지』 9(4), 2018, 423~433쪽.

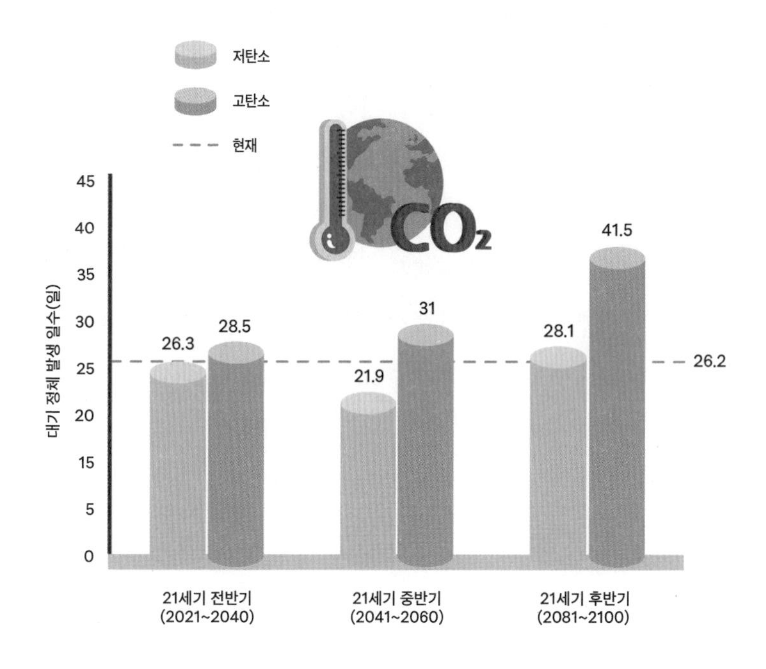

그림 3-14. SSP 기후변화 시나리오별 대기 정체 발생 일수 변화

실제 고위도 지역에서는 지구온난화로 인해 빙하가 녹으면서 지표면과 해수면이 드러나고 있다. 표면이 새하얀 빙하가 햇빛을 반사시켜왔다면, 색상이 짙은 지표면과 해수면은 햇빛을 흡수한다. 이로 인해 고위도 지역의 기온이 더욱 상승하는 악순환이 일어난다.

바람과 대기안정도는 미세먼지의 농도를 결정하는 중요한 요소다. 지구온난화로 중위도 지역의 바람이 약해지고 대기안정도가 높아진다는 것은 대기가 더욱 정체된다는 의미다. 대기 정체 현상은 고농도 미세먼지를 일으키는 가장 큰 원인 중

하나다. 미세먼지를 이동·확산시키는 공기의 흐름이 미약한 상태이기 때문에 미세먼지도 그만큼 잘 축적된다.

결국 기후변화가 심각할수록 고농도 미세먼지가 발생하기에 더욱 좋은 조건이 갖춰지고 있다고 볼 수 있다. 공통 사회경제 경로shared socioeconomic pathways, SSP 기후변화 시나리오에 기반해 2022년 발표한 연구 결과에 따르면, 21세기 후반 우리나라 겨울철과 봄철의 대기 정체 발생일은 지금보다 최대 1.5배 정도 늘어날 것으로 전망된다.* 고농도 미세먼지가 발생할 확률이 지금보다 훨씬 높아지는 것이다.

* 기상청, 「현재 추세면 21세기 말 대기 정체 발생일 최대 58퍼센트 늘어」, 보도자료, 2022. 4. 29.

미세먼지의 입체적 관측

보통 대기오염 물질을 측정한다고 하면 지상 관측소를 먼저 떠올릴 것이다. 하지만 지상에서 배출된 대기오염물질은 공기의 대류현상으로 인해 대기 상층까지 올라가게 되고, 상층의 강한 바람을 타고 국경을 넘어 먼 곳까지 이동하기도 한다.

유사한 원리에 의해, 다른 나라의 대기오염 물질이 상층을 타고 국내로 유입되기도 한다. 미세먼지나 대기오염 물질의 이동에는 국경이 없는 것이다. 이들의 이동은 대기 중 체류 시간(수명)과 바람의 방향, 속도가 변수다. 장거리 이동 시에는 풍속이 상대적으로 약하고 장애물이 많은 지표 근처가 아니라, 주로 대기 상층을 통하게 된다.

따라서 대형 배출원의 배출 영향 범위와 국외 유입의 영향을 파악하려면 상층 대기오염 물질에 관한 모니터링이 필수적이다. 즉 미세먼지와 대기오염 물질의 측정에는 지상 관측은 물론, 위성 관측, 항공 관측을 통한 상층의 실시간 관측 수행 또한 반드시 필요하다.

위성에서 보는 미세먼지

과거 우리나라는 인공위성을 활용한 미세먼지 원격 측정에서 외국 위성의 자료를 받아 활용하는 단계에 있었다. 그러다 2010년 천리안 1호 발사를 계기로, 해양 및 기상 탑재체*를 이용한 독자적 정보 산출 단계까지 발전했다. 현재는 2018년 발사한 천리안 2A호의 기상 탑재체, 2020년 발사한 천리안 2B호의 환경 탑재체 및 해양

* payload. 인공위성 탑재체란 인공위성의 임무를 수행하는 데 직접적으로 연관되는 부분을 말한다. 특정 파장을 감지하는 센서 관측으로 임무를 수행하며, 이를 통해 환경·해양·기상 관련 정보를 산출할 수 있다.

탑재체를 활용하는 단계로 들어섰다.

이들 탑재체의 활용성을 높이기 위해, 한반도 지상 미세먼지 농도 산출 및 배출량 하향식 보정 체계에 관한 연구가 수행된 바 있다. 배출량 하향식 보정 체계 연구는 동아시아의 이산화질소, 암모니아 등을 대상으로 삼아, 한국과 일본, 미국 등 국내외 위성 관측에 기반해 이루어졌다.

과거에는 단일 위성에서 수집한 자료를 바탕으로, 지상 미세먼지 농도를 추정하기 위한 에어로졸 광학두께 산출 등의 연구가 많이 수행되었다. 하지만 여러 개의 위성에서 수집된 각각의 자료를 융합하여 활용하는 기법에 관한 연구는 미미했다. 이에 연세대학교 김준 교수 팀은 두 개 위성자료(일본 위성 히마와리 8호 기상 탑재체[AHI], 천리안위성 1A호 해양 탑재체[GOCI])에서 관측된 에어로졸 정보를 이용해 초미세먼지 농도를 산출하는 알고리즘을 2017~2020년에 걸쳐 개발했다. 이 알고리즘을 통해 국내의 지상 초미세먼지 농도를 준실시간으로 추정할 수 있게 되었다. 또한 위성의 활용으로 지상 관측의 공백 지역을 포함한 보다 넓은 영역의 지상 초미세먼지 농도 데이터를 제공받게 되면서, 대기 질 예보의 정확도가 개선될 것으로 기대된다.

후속 연구 사업인 동북아-지역 연계 초미세먼지 대응 기술 개발 사업단은, 천리안 2A·2B호와 기존 국내외 위성을 활용해 지상 관측의 공백 지역에 대한 관측 자료를 제공하고, 동아시아를 3차원으로 입체 감시하며, 대형 오염원의 배출량을 보정하는 등의 연구를 2020년부터 2024년까지 추진하고 있다.

항공기로 관측하는 미세먼지

과거 국내 항공 관측 분야는 소형 항공기로 극히 제한된 관측만 하는 수준이었다. 소형 항공기 관측으로는 전구물질과 미세먼지 성분의 동시 측정이 불가능하기 때문에, 미국 NASA와 같은 외국

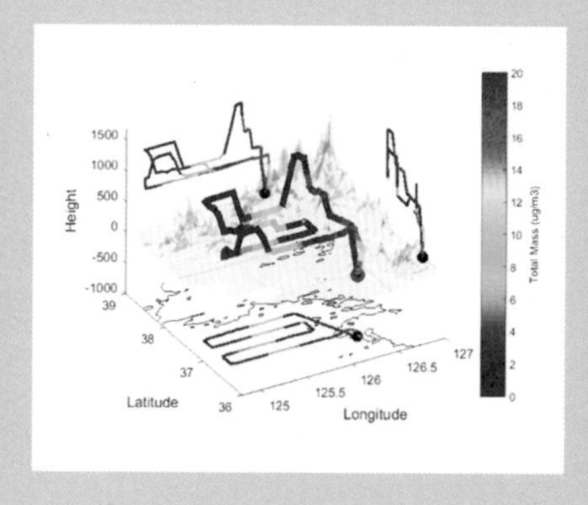

2015년 6월 2일 오후 4~6시 사이 항공기로 관측한 충남 지역 상공 미세먼지(PM_1) 농도 분포
자료: 이태형 교수 팀.

기관에 의존해 특정 시기의 조사만 제한적으로 할 수 있었다.

한서대학교 김종호 교수 팀은 이러한 상황을 개선하기 위한 연구를 2017~2019년에 수행했다. 그 결과, 민간 중형 항공기를 개조해 초미세먼지 전구물질과 미세먼지 성분을 동시 관측할 수 있는 항공 측정 시스템을 구축했다. 이어 한국외국어대학교 이태형 교수 팀은 개조된 중형 항공기에 국립환경과학원의 실시간 항공 관측 장비를 탑재해, 상공 대기 질 측정과 대기 질 영향 연구를 2019년부터 본격적으로 시작했다. 구체적으로 항공 측정을 통해 겨울철 장거리 이동 미세먼지를 파악하고, 국내 대형 오염원(충남 화력발전소, 여수 산업단지, 울산 산업 지역)에 따른 대기 질 영향 연구가 이뤄지고 있다. 이 항공 측정 자료는 위성 측정 자료의 검증에도 활용할 수 있다.

하지만 중형 항공 측정 시스템으로 가장 낮게 측정할 수 있는 고도는 지상 300미터 정도다. 그렇다 보니 배출원 굴뚝부터 지상 300미터까지의 대기오염 물질 측정이 공백으로 남게 된다는 단점이 있다. 항공 관측만으로 대형 배출원의 대기 질을 감시하고, 이를 토대로 배출량을 역산하기에는 무리가 있다.

한양대학교 안강호 교수 팀은 이를 보완한 방안으로서, 드론과 같은 저고도 무인 비행체를 항공기와 동시에 활용하는 연구를 2019~2021년에 추진했다. 대형 사업장의 플룸*을 3차원 관측하고, 대기오염 물질의 변환을 추적하기 위한 연구라고도 할 수 있다. 한편 울산과학기술원 송창근 교수 팀은 그간 상호 연계가 미흡했던 광학·원격 탐사 장비 및 위성 측정 자료와 지상 측정망 자료를 통합해 자료를 수집·분석·표출하는 동아시아 입체 관측망 통합 플랫폼을 2020년에 개발했다.

* Plume. 연속적으로 배출되는 배기가스가 흰 안개 기둥 형태로 보이는 현상. 찬 외부 온도로 인해 배기가스 온도가 이슬점 이하로 내려간 것이 원인이다.

더 정확한 배출량 산정 방법을 위해

미세먼지 관리 정책과 제도 마련은 대기오염 물질 배출량을 정확히 파악하는 것부터 시작된다. 배출량 정보는 대기 질 예보의 기초 자료로 사용되고 있어서, 그 신뢰도가 매우 중요하다. 우리나라는 현재 대기오염 물질 배출 목록에 근거한 CAPSS를 통해 대기오염 물질 배출량을 매년 산정하고, 이를 대기 환경 정책의 수립과 대기 질 예보에 활용하고 있다.

CAPSS는 배출량을 배출원에서 직접 측정하는 방식도 있지만, 연료 사용량, 연소·공정 등에 따라 간접 산출하는 상향식 방법이 적용된다. 이때 국가기관이나 공신력 있는 기관에서 생산한 기초 통계자료*를 활용해 배출량을 산정하는데, 자료의 불확실성이 상당하다. 통계에서 누락되거나(생활계, 소각, 목재 연료), 관리 사각지대에 있는 배출원(소규모 사업장, 농·축산 시설 등)의 경우 자료가 부정확하다거나, 국내 환경을 반영하지 못하는 선진국 배출계수(외국 계수 비중 76.1퍼센트)**를 사용하는 등의 여러 한계점이 있는 것이다.

CAPSS의 단점을 개선한 하향식 배출량 산출 알고리즘

광주과학기술원 송철한 교수 팀은 이 같은 문제점을 개선하고, 배출량 자료의 신뢰성을 높이기 위한 연구를 2017~2020년에 수행했다. 그 결과, 연구진은 인공위성이 관측한 자료와 대기 질

* 연료 통계, 대기 배출원 관리 시스템 자료 등을 말한다.

** 배출 시설의 단위 연료 사용량, 단위 제품 생산량, 단위 원료 사용량, 단위 폐기물 처리량당 발생하는 대기오염 물질 배출 정도를 배출원 단위로 나타낸 값이다.

모델이 모의한 정보를 융합해 배출량을 추정하는 하향식 배출량 산출 알고리즘을 개발했다.

이 알고리즘은 질소산화물을 대상으로 한다. 따라서 이산화질소 농도 자료가 필요한데, 미국 NASA가 운용하는 위성에서 얻은 측정값*이 사용됐다. 이때 관측된 이산화질소 농도 변화는 물질 수지** 균형 원리를 적용해, 질소산화물이 유입·유출되는 양에 따라 결정된다고 가정했다. 여기서 유입은 대상 지역에서 일정 시간 동안 배출되는 질소산화물의 양, 유출은 대기 중 체류 시간이 짧아 일정 시간 동안 소멸하는 이산화질소의 양이다(Δ이산화질소 농도 = 질소산화물 배출량 − 이산화질소 소멸량). 하향식 배출량 산정은 이와 같이 실제 관측한 대기오염 물질 농도를 이용해 대기오염 물질 배출량을 산정하는 방법이다.

연구진은 하향식으로 산출한 질소산화물 배출량의 정확도를 확인하기 위해 대기 질 모델링을 이용했다. 대기 질 모델에 하향식 방법과 상향식 방법으로 산출한 질소산화물 배출량을 각각 입력해 모의한 이산화질소 농도와, NASA 위성에서 관측한 이산화질소 농도를 비교해본 것이다. 그 결과, 연구진이 개발한 알고리즘으로 모델링한 결과가 기존의 상향식 방법에 비해서 실제 관측 농도와의

* 2004년 미국 NASA가 발사한 지구관측위성 아우라AURA가 관측한 자료를 사용했다. 아우라는 극궤도 위성으로서, 약 13시 45분에 적도를 지나 24시간 전 지구를 관측한다. 아우라는 오존 관측 장비OMI를 탑재하고 있어서 이산화질소 농도를 측정할 수 있다. OMI 센서는 270~500나노미터 파장대에 대해, 13×24km^2 가량의 공간 해상도로 약 2,600킬로미터에 달하는 관측 범위를 갖는다.

** mass balance. 질량 보존의 법칙에 기반해, 어떤 계system의 경계 면에서 일어나는 물질의 유입량과 유출량을 비교함으로써 내부에 남아 있는 물질의 양을 계산하는 것이다.

오차가 적은 것을 확인했다.

이처럼 기존에 상향식으로 산출한 배출량 검증, 배출 계수 산출, 배출 목록 개선 등에 하향식 배출량 산출 알고리즘을 적용하면, 배출량 자료의 신뢰도를 향상시킬 수 있다. 이는 미세먼지 예측 정확도 향상과 효과적인 미세먼지 저감 정책으로 이어진다. 그뿐만 아니라 부족한 정보를 보완하는 데에도 활용 가능하다. 과거에는 파악하지 못했던 관리 사각지대 배출량을 산정할 수 있고, 배출량 정보의 신뢰도가 낮은 중국이나 배출량 정보 자체를 확보하기 어려운 북한의 배출량까지 추정할 수 있다.

도로 이동 오염원 배출량을 정교하게 측정하는 CARS

현행 CAPSS의 또 다른 문제점은 도로 이동 오염원에 대한 배출량 산정에서도 나타난다. 시·군·구 단위의 차량 등록지를 기반으로 배출량을 산출하고 있기 때문이다. 가령 질소산화물의 주요 배출원인 화물차의 경우, 차량 등록지와 실제 활동지가 일치하지 않을 가능성이 매우 높다. 또한 현행 CAPSS에서는 도로 상황과 차량 이동이 수시로 달라지는 도로 이동 오염원의 특성을 제때 반영하기 어렵다.

이러한 문제를 개선하기 위해 건국대학교 우정헌 교수 팀은 2017~2020년 한국형 이동 오염원 배출 모형Comprehensive Automobile Research modeling System, CARS을 개발했다. 행정구역을 넘나드는 실제 차량의 흐름을 반영해서 배출량을 산정하게끔 한 것이다.

연구진은 먼저 2,000만 대 이상의 실제 자동차 검사 자료를 분석해 전국 5,000여 개 읍·면·동 수준으로 차량 등록지, 운행 지역, 사용 연료, 연식, 엔진 등에 관한 데이터베이스를 구축했다. 사용 연료나 연식, 엔진을 데이터베이스에 반영한 것은, 각 종류마다 대기오염 물질 배출량이 다르기 때문이다. 연구진은 이렇게 구축된 데이터베이스를 활용해 기존보다 고해상도의 이동 오염원 활동도(실제 차량의 흐름)를 파악할 수 있게 했다.

이어 차량이 실제 다니는 지역을 기반으로 일평균 주행거리를 곱해, 총 주행거리를 산정함으로써 교통량을 파악하고, 도로 길이와 차선수, 도로별 제한속도 등에 따라 도로별 교통량을 배분했다. 이 방법으로 도로마다 교통 흐름을 파악하고, 도로를 오가는 차종, 연식, 엔진, 연료 같은 차량 조건에 따라 각각의 대기오염 물질 배출량을 반영해, 실제 도로에서 차량들이 배출하는 대기오염 물질의 양을 정확히 산정할 수 있게끔 했다.

CARS 모형은 이처럼 차량별 실제 운행 정보를 기반으로 하기 때문에, 시시각각 변화하는 도로 이동 오염원의 행태를 정밀하게 반영한다는 큰 장점을 가진다. 또한 차량 속도, 시간대별 도로 혼잡도, 행정구역·연식 단위의 정책 적용 등 입력 자료의 시공간적 변동 가능성에 유연하게 반응할 수 있다.

CARS 모형은 코로나19 같은 사회적 환경 변화로 인한 도로 이동 오염원의 배출 변동량이나, 5등급 경유 차 운행 제한과 공공 차량 2부제 등 미세먼지 개선 정책에 따른 배출량 저감 효과를 예측할 수 있게 해준다. 지방자치단체 수준의 도로 이동 오염원 관련 정책이나 계절 관리제, 비상 저감 조치처럼, 단기간에 지역 효과성이 나타나는 정책에 대해서도 감축량을 정교하게 예측할 수 있다. 실제로 제1차 미세먼지 계절 관리제 기간(2019. 12~2020. 3)의 코로나19 영향과 미세먼지 저감 정책(5등급 차량 운행 제한, 공공 차량 2부제)으로 인한 서울시의 배출 삭감량을 산정하는 데 CARS가 활용되기도 했다.

CARS에서 산정한, 정확도 높은 도로 이동 오염원 배출량은 대기 질 예보 모델링 시스템에 입력 자료로 쓰여, 모델의 예측 성능 향상에도 기여할 전망이다. 연구진은 후속 연구를 지속해 CARS를 더욱 정교하게 고도화하고, 이를 2025년까지 국립환경과학원의 대기 질 예보 모델링 시스템에 적용할 계획이다.

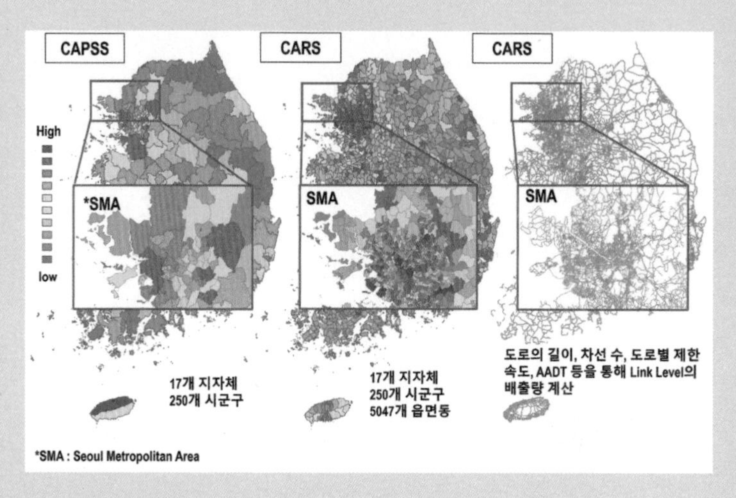

현행 CAPSS와 연구진이 개발한 CARS에서의 배출량 산정 비교

자료: 우정헌 교수 팀.

시군구 단위에서 이동 오염원 배출량을 산정하던 CAPSS와 달리, CARS에서는 실제 자동차 관련 데이터베이스를 활용하여 도로 이동 오염원의 배출량을 정교하게 계산할 수 있어 읍면동 단위로 해상도가 높아졌다.

4부

미세먼지 다스리기

01

해외에서 미세먼지에 대응하는 방법

영국, 런던 스모그에서 초저배출 구역까지

영국은 1952년 런던 스모그와 같은 극심한 대기오염을 겪으면서 1956년 세계 최초로 청정대기법을 제정했다. 이때부터 연료를 석탄에서 가스로 바꿔나가는 규제를 시작했다. 1970년에는 정부 조직에 환경청을 신설했다. 급격한 연료 전환 정책으로 영국은 1950~70년대에 석탄 소비가 감소하면서 대기 질을 향상시킬 수 있었다.

이 기간에 영국의 국내총생산GDP 성장률은 일정하게 유지됐다. 적극적인 환경 규제와 경제 성장이 동시에 가능하다는 사례를 보여준 것이다. 그 뒤 1980년대 후반까지 청정한 대기가 지속되자, 대기오염 관리에 대한 인식이 다른 환경 분야에 비해 뒤떨어지는 결과로 이어졌다.*

1990년 청정대기법은 대기오염, 폐기물, 기타 환경오염 문제를 포함하는 환경보호법으로 개칭됐다. 1990년대 들어서는 자동차에서 배출되는 질소산화물이 스모그를 일으켜 이슈가 됐다. 이 스모그는 과거 런던 스모그와 양상이 달라, 새로운 시각이나 접근이 필요한 시기였다.

1997년 영국은 '국가 대기 질 관리 전략'을 수립해, 각 오염 물질별로 2005년까지 달성할 목표치를 설정했다. 영국의 체계적 대기 질 관리는 이 무렵부터 시작됐다는 평가를 받는다. 대기 질 기준 항목에는 이산화황과 미세먼지, 오존, 이산화질소, 일산화탄소 등 다섯 가지 물질을 비롯해 휘발성 유기화합물인 벤젠과 1,3-뷰타다이엔1,3-butadiene, 납이 선정됐다.

국가 대기 질 관리 전략은 각 지방정부가 수행할 대응 조치를 포함하고 있다. 지방정부는 대기 질 관리 지침에 따라 해당 지역의 대기 질을 평가하는데, 도로, 산업체를 비롯한 주요 오염 물질 발생 지역의 오염 수준을 측정하고, 검토 및 평가를 거친 뒤 기준에 미달되는 지역을 선정해 관리하는 것이 의무화되어 있다.

최근에는 초저배출 구역ULEZ이라는 제도를 신설해 2019년 런던 중심부 혼잡 구역에서 처음 실시했다. 이는 배기가스 규제 기준을 초과하는 차량이 해당 구역에 진입할 경우, 공해 부과금을 내게 하는 제도다. 독일, 프랑스, 일본을 비롯해 우

* 백성옥·김기현, 「영국 대기 환경 관리의 최근 동향」, 『한국대기보전학회지』 14, 1998, 251~260쪽.

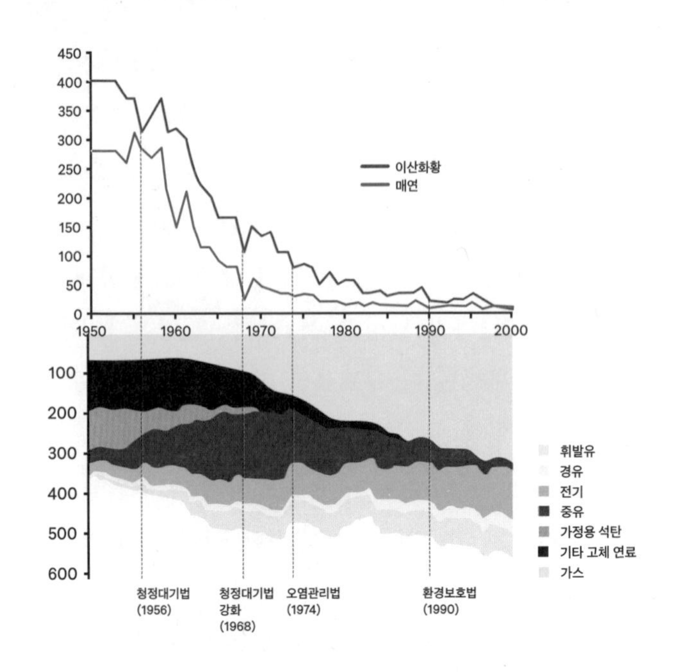

그림 4-1. 영국의 연료 전환 정책에 따른 대기 질 개선 효과

리나라도 유사한 제도*를 실시하고 있다.

미국, 세계 최초의 환경 전담 부처

미국은 1963년 청정대기법Clean Air Act을 제정했다. 이전에도

* 우리나라에서는 녹색 교통 진흥 지역 제도를 실시하고 있다. 이는 서울 사대문 내 배출 가스 5등급 자동차의 운행을 제한하고, 위반 시 과태료를 부과하는 제도다. 여기서 사대문 내부란 종로구 8개 동(청운효자동, 사직동, 삼청동, 가회동, 이화동, 종로1~4가동, 종로5~6가동, 혜화동), 중구 7개 동(소공동, 회현동, 명동, 필동, 장충동, 광희동, 을지로동)을 가리킨다.

대기오염 방지 정책을 실시한 바 있는데, 1880년대 시카고와 신시내티, 두 도시를 시작으로 1900년대 초반까지 미국 주요 대도시에서 채택을 늘려간 도시 매연 저감 규제*가 대표적이다. 이는 미국 최초의 대기오염에 관한 법률로서, 매연 방지 시설을 개선하고 석탄 연료를 석유와 가스로 전환하는 것이 주요 내용이다. 1897년 오하이오주는 주 정부 법으로 대기오염 규제를 시행한 최초의 주가 되었으며, 1946년에는 로스앤젤레스에서 광화학스모그에 대응하기 위해 대기오염 규제 지역air pollution control district을 설정했다. 이처럼 주 정부나 지방자치 정부 차원에서 대기오염 관리를 실시해오다가, 1955년에는 대기오염 방지법이라는 연방 차원의 법률이 제정되기도 했다.

1970년에는 환경 정책과 연구 개발을 추진하는 환경보호청이 설립됐다. 미국 환경보호청은 세계 최초로 정부 조직에 만들어진 환경 전담 부처다. 이듬해인 1971년에는 국가 대기 질 기준NAAQS 또한 세계 최초로 공표하는 한편, 이산화황과 일산화탄소, 탄화수소, 이산화질소, 총부유먼지에 대한 기준 값을 마련해 법적으로 관리하기 시작했다.

이처럼 대기오염을 일찌감치 규제하기 시작한 미국은 1987년 대기 질 기준에 미세먼지를 추가했다. 1990년에는 대기 중 광

* municipal smoke abatement legislation. 1880년대 시카고와 신시내티를 시작으로 1890년대 세인트폴, 클리블랜드, 피츠버그, 1900년대 로스앤젤레스, 미니애폴리스, 세인트루이스, 1910년대 포틀랜드, 덴버, 캔자스시티, 1920년대 샌프란시스코, 시애틀, 솔트레이크시티 등에서 실시됐다.

화학반응에 의해 오존으로 바뀔 수 있는 전구물질을 더욱 강하게 규제했다. 1997년에는 초미세먼지가 대기 질 기준에 포함됐다. 그 계기는 하버드 대학교 연구 팀이 1993년 발표한 논문*에 있었다. 이 논문은 미국 6개 도시를 10년간 조사한 결과, 각 도시 사망률이 초미세먼지 농도와 비례했다는 내용을 담고 있었다.

전구물질

어떤 화합물을 합성하는 데 필요한 재료가 되는 물질을 뜻한다. 따라서 미세먼지 전구물질이란 초미세먼지를 구성하는 데 필요한 성분이 되는 질소산화물, 황산화물, 암모니아, 휘발성 유기화합물 등을 포함한다.

미국의 대기 질 기준은 보다 작은 크기의 먼지까지 관리하면서 기준 값도 점차 낮아지는 추세로 강화되고 있다. 특히 그 기준을 1차 기준과 2차 기준으로 나눠, 기준치를 다르게 설정한 것이 특징이다. 1차 기준은 어린이, 노약자 같은 대기오염 민감군·취약군 등 공공의 건강을 고려해 설정했고, 2차 기준은 동식물, 농작물, 건축물 보호와 가시거리 감소 정도 등 공공복지를 고려해 책정했다.

미국의 대기 질 관리는 강력한 법 집행을 담보한다. 청정대

* Douglas W. Dockery et al., "An association between air pollution and mortality in six U.S. cities," *New England Journal of Medicine*, 329(24), 1993, pp. 1753~1759.

기법을 위반하면 법원에 제소할 수 있다. 또한 전국을 10개 권역으로 나눠, 권역별로 대기오염을 관리한다는 특징도 있다. 이는 청정대기법이 대폭 개정된 1977년부터 도입된 제도다. 청정대기법에 따르면, 국가 대기 질 기준과 대기오염 물질 배출 기준을 정하는 권한은 미국 환경보호청에 있다.

대기 질 기준은 과학에 기반한 위해성 및 노출 분석, 정책 분석 같은 단계를 거치며, 각 단계별로 독립적인 과학 자문위원회의 검토 의견을 받아 주기적으로 설정한다. 이처럼 연구 결과가 뒷받침되는 대기 질 관리 체계, 데이터 기반 정책을 시행함으로써, 지난 50년간 경제성장으로 배출 요인이 증가한 상황에서도 대기오염 물질 배출은 1970년에 비해 지속적으로 감소하고 있다.

미국 환경보호청이 대기 질 기준을 기반으로 목표를 설정하면, 연방 부처와 주 정부는 목표 달성을 위한 정책을 수립·시행해야 한다. 관련 정책들에 대한 조정 권한은 연방 정부의 환경보호청에 있다. 주 정부 실행 계획에는 오염 물질 배출 저감 방법과 전략, 측정망 운영, 대기 질 분석, 대기 질 모델링, 기준 달성에 대한 증명, 배출 저감 이행 방법, 규제 방법 같은 항목이 포함되어 있다.*

대기 질 관리 10개 권역 가운데 '권역 9'에 속하는 캘리포니아주는 권역을 다시 35개 대기 구역으로 나눠 그물망처럼

* 현준원, 『미세먼지 오염저감을 위한 대기관리법제 개선방안 연구』, 한국법제연구원 보고서, 2015, 29~32쪽.

촘촘히 대기 질을 관리한다. 대기 구역별로 지역 상황에 맞게 대기 질 기준에 도달하는 목표 시점을 정하고, 이에 따라 실행 계획을 수립해 주 정부나 연방 정부의 승인을 받아 시행한다. 이후 시행 결과를 추적·평가해서 다음 시기의 목표에 반영하며, 이러한 과정을 순환적으로 반복하게 된다.

캘리포니아주의 경우에는 자동차, 선박 같은 이동 오염원과 지역에 산재한 고정 오염원의 관리 주체를 따로 두고 있다. 이동 오염원은 주 정부 환경청이, 고정 오염원은 35개 대기 구역을 담당하는 별도의 조직이 맞춤형으로 관리한다. 이들 조직은 주 정부나 지방정부에서 대기 질 관리 권한을 위임받아 운영하는 민간단체다.

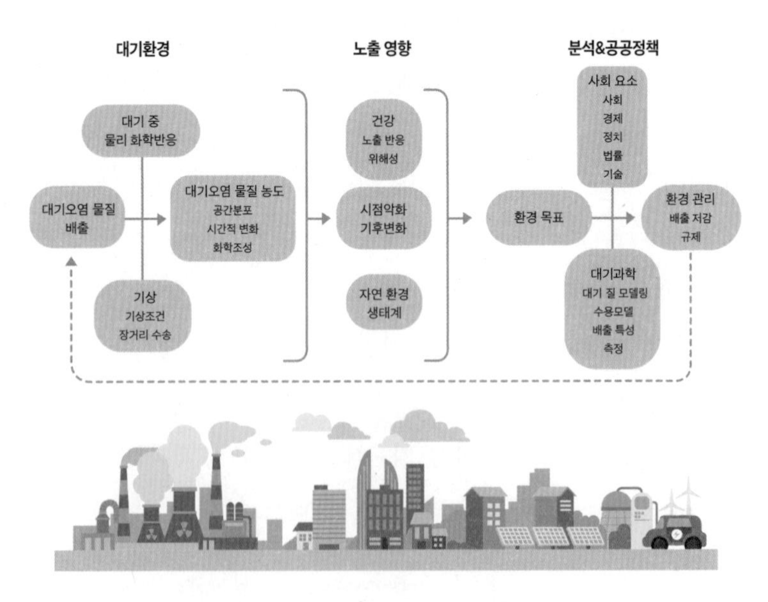

그림 4-2. 북미 지역의 과학적 미세 먼지 관리 체계(NARSTO, 2004)

미국 환경보호청은 대기 질 개선과 기후변화 문제를 함께 해결하기 위해 대기오염과 기후변화, 에너지의 상호작용을 조사하는 ACE Air, Climate, and Energy 연구 프로그램을 2012년부터 추진하고 있다. 카네기멜론 대학교와 하버드 대학교, 예일 대학교에 소속된 연구 기관이 ACE 센터로 선정돼 연구 과제를 이어가고 있다.

1단계 연구(2012~2016)에서는 기후 영향 완화 및 적응, 배출 및 측정, 모델링 및 의사 결정 지원 도구, 국가 대기 질 기준 및 다중 오염 물질, 지속 가능한 에너지 평가를 중점적으로 다뤘다. 2단계(2016~2019)에서는 기후 영향 취약성 및 적응, 배출 및 측정, 대기 및 통합 모델링 시스템, 공중 환경 보건 예방 및 웰빙, 지속 가능한 에너지 및 완화를 중점적으로 연구했다. 3단계 연구(2019~2022)에서는 대기와 에너지에 집중해 대기 질 기준 결정을 위한 과학, 극단적 사례와 새로운 위험, 공중 보건 및 환경 개선을 위한 차세대 방안을 주제로 연구하고 있다.

일본, 고정 오염원과 이동 오염원의 구분 관리

일본은 제2차 세계대전 이후 고도 성장기에 접어들면서 대기오염이 심해졌다. 1968년 대기오염방지법 제정으로 대기 질 개선에 적극 나서면서, 일본의 대기오염 방지 기술이 발전하기 시작했다. 대기오염 물질 배출 허용 기준도 이 무렵 처음 마련됐다. 1969년 이산화황을 시작으로 1970년 일산화탄소,

1972년 부유먼지, 1973년 이산화질소, 광화학 옥시던트*가 차례로 포함됐다.

환경청이 정부 조직에 신설된 건 1971년이다. 환경청은 2001년 우리나라의 환경부에 해당하는 환경성省으로 승격됐다. 1990년대 들어 일본은 교통이 밀집된 대도시에서 초미세먼지에 의한 건강 피해가 사회 이슈로 떠올랐다.** 이에 환경성은 1999년부터 미세먼지 노출의 건강 영향 조사를 실시해 상관성을 연구하기 시작했다. 또한 1994년 제1차 환경 정책 기본 계획을 시작으로 2000년 제2차 기본 계획, 2006년 제3차 기본 계획을 시행하며, 미세먼지를 포함한 대기 환경, 수질, 토양, 폐기물 등을 관리하고 있다.

일본의 미세먼지 대책은 고정 오염원과 이동 오염원을 구분해 관리한다는 특징이 있다. 여기서 고정 오염원은 미세먼지를 배출하는 사업장 등을 뜻하고, 이동 오염원은 자동차 배기가스를 말한다. 미세먼지에 대한 환경기준은 1973년부터 이미 적용하고 있었고, 초미세먼지 환경기준은 2009년에 신설됐다. 이 같은 미세먼지 환경기준은 1993년 제정된 환경기본법에 별도로 규정해놓고 있다.

* photochemical oxidants. 대기 중에서 광화학반응에 의해 생성되는 오존, 질산과산화아세틸peroxyacetyl nitrate 등 2차 오염 물질을 의미한다.

** 현준원, 같은 책, 63쪽.

중국의 미세먼지 정책

중국은 2013년 1월 고농도 초미세먼지 현상이 한 달 가까이 대륙 전역에서 지속되는 대기오염 사건을 겪었다. 당시 베이징의 대기오염 지수는 초미세먼지 기준 1세제곱미터당 700~800마이크로그램까지 치솟았다. 이후에도 악성 스모그가 100여 개 도시에서 빈번히 발생해 국토 면적의 25퍼센트, 인구 6억 명이 피해를 입은 것으로 조사됐다.* 중국의 대기 질 개선 정책은 이 무렵부터 본격적으로 추진됐다고 볼 수 있다.

2013년 중국 정부는 '대기오염물 특별 배출 제한에 관한 공고'를 발표하고, 대기오염 방지 행동 계획**을 시행했다. 2015년에는 대기오염방지법을 17년 만에 개정해 일부 구역에서만 적용하던 배출총량제를 중국 전역으로 확대하고, 대기오염을 유발하는 경우에는 처벌을 강화했다.*** 2016년에는 환경 공기 질량 표준GB3905-2012 지표에 초미세먼지를 포함시켰다. 일산화탄소와 오존에 대한 기준도 이때 추가됐다.

이후 중국은 '푸른 하늘을 지키기 위한 전쟁'이란 뜻의 '푸른 하늘 보위전藍天保衛戰' 3년 행동 계획을 2018년 발표했다. 주요 목표는 2020년까지 전국의 이산화황, 질소산화물 배출을

* 현준원, 같은 책, 80쪽.

** 일명 '대기 10조'로 불리는 행동 계획이다. 2013년부터 5년간 추진해 2017년까지 베이징의 연평균 초미세먼지 농도를 1세제곱미터당 60마이크로그램 이하로 달성하는 것을 목표로 했다.

*** 최기철 외, 『중국의 대기관리 정책 분석 및 한중 협력 강화 방안』, 한국환경정책·평가연구원 보고서, 2019.

2015년 대비 15퍼센트 이상 감축하고, 초미세먼지에 대해서는 목표에 미달된 지급地級(성과 현 사이의 행정 구역) 이상 도시 비율을 2015년 대비 18퍼센트 이상 감축하는 것이다.

이를 위해 추동계 기간에 미세먼지를 중점 관리하고, 지급 이상 도시의 초미세먼지 농도 감축 목표치를 제시하며, 중점 관리 지역을 확대하는 것뿐만 아니라 질소산화물과 휘발성 유기화합물, 오존 관련 대책을 추가하면서 규제를 강화하는 등의 세부 계획을 시행했다. 중점 관리 지역 대응으로는 징진지와 그 주변 지역을 포괄하는 '2+26 도시'와 펀웨이 평원汾渭平原(산시성·허난성 등) 지역 11개 도시에 대한 맞춤형 대책을 수립했다.

	WHO(2021)		한국(2018)		유럽연합		미국		일본		중국	
목표	초미세먼지	미세먼지	초미세먼지	미세먼지	초미세먼지	미세먼지	초미세먼지	미세먼지	초미세먼지	미세먼지	초미세먼지	미세먼지
권고기준 AQG	연평균 5 24시간 평균 15	연평균 15 24시간 평균 45				24시간 평균 50	연평균 (1차) 12 (2차) 15					
잠정목표4 IT-4	연평균 10 24시간 평균 25	연평균 20 24시간 평균 50										
잠정목표3 IT-3	연평균 15 24시간 평균 37.5	연평균 30 24시간 평균 75	연평균 15 24시간 평균 35				24시간 평균 (1차) 35 (2차) 35		연평균 15 24시간 평균 35			
잠정목표2 IT-2	연평균 25 24시간 평균 50	연평균 50 24시간 평균 100		연평균 50 24시간 평균 100	연평균 25	연평균 40				1시간 200 24시간 평균 100		
잠정목표1 IT-1	연평균 35 24시간 평균 75	연평균 70 24시간 평균 150						연평균 150			연평균 35 24시간 평균 75	연평균 70 24시간 평균 150

그림 4-3. 주요 국가의 대기 환경 기준

북미와 유럽의 국제 협력을 통한 대기 질 관리

북미와 유럽은 산업화에 앞선 선진국이 많아, 그만큼 대기오염을 줄이려는 노력을 일찍 시작했다. 인접국과의 국제 협력 역시 활발하다. 비교적 오래전인 1970년대부터 공동 연구를 수행하고 협의 기구를 결성해 협정을 체결하는 등 다양한 방안을 모색하며, 국경을 넘나드는 대기오염 물질에 공동 대응하기 시작한 것이다.

유럽 지역의 협력

유럽에서 특히 청정한 자연환경을 지닌 스칸디나비아반도는 1960년대 들어 호수의 산성화를 겪기 시작했다. 호수에 서식하는 생물 개체가 산성화로 인해 눈에 띄게 감소하자, 스웨덴 연구진은 그 원인이 국경을 넘어 유입된 황산화물이라는 조사 결과를 1967년 논문으로 발표하기도 했다.

훗날 추가 조사를 통해, 영국, 서독 등 서유럽에서 넘어와 산성비를 유발한 것이 황산화물의 주요 원인이라는 사실을 밝혀냈다. 이에 OECD는 월경성越境性 장거리 이동 오염 물질 문제를 논의할 수 있는 기구인 LRTAP를 1972년 발족했다.

당시만 해도 대기오염 물질이 서유럽에서 스칸디나비아반도까지 이동한다는 사실은 논란거리였다. 특히 영국, 독일 등의 서유럽 국가는 쉽사리 동의하지 않았다. 하지만 유럽 감시 평가 프로그램EMEP이 1977년 설립되어 오염 물질 배출과 대기 질 감시 체계를 도입하고, 산성비 조사를 시작했다. EMEP가 대기 질 시료 분석과 이산화황, 강수의 반응을 실험하여 조사한 결과 대기오염 물질이 국경날 넘어 장거리 이동한다는 사실을 과학적으로 확인했다.

1978년 이 같은 결과가 공개되고, 이듬해인 1979년 마침내 초국가적 대기오염 문제를 공동으로 해결하기 위한 장거리 월경성 대기오염 협약*이 스위스 제네바에서 체결됐다. 유럽 29개국과 유럽연합, 미국, 캐나다가 서명하고, 1983년부터 발효됐다. 이처럼 많은 유럽 국가들이 공동으로 노력을 기울인 끝에 산성비의 원인인 이산화황 배출량을 절반 이상 줄였고, 피해가 심각했던 체코, 독일, 폴란드에서 대기오염이 감소했다. CLRTAP이 초기부터 대기오염 물질 감축을 강제한 것은 아니다. EMEP의 과학적 성과를 반영하여 산성비 대응에 성공하면서 관리 대상 범위를 넓혀나가고, 감축 의무를 도입했다. 이는 회원국 간 협의를 거쳐 의정서 형태로 채택해왔으며, 현재까지 8개 의정서를 채택하고 있다.

유럽연합 최고 의결 기구인 유럽 이사회는 대기오염 물질 평가·관리를 위한 대기 환경 지침Directive 96/62/EC을 1996년 제정한 뒤 1999년 지침Directive 1999/30/EC에서 미세먼지를 비롯한 이산화황, 이산화질소, 질소산화물, 납에 관한 기준을 설정했다. 이후 관리 대상 대기오염 물질을 점차 확대해나갔다.

* CLRTAP. 유럽 내 장거리 이동 대기오염 물질 저감을 위한 정보 교류 및 연구 협력 국제 협약. 1972년 기술 협력을 시작으로 1979년 협약 체결까지 단계적으로 추진됐다.

2000년 지침Directive 2000/69/EC에서는 일산화탄소와 벤젠을 기준에 추가하고, 2002년 지침Directive 2002/3/EC에서는 오존에 대한 기준을 새롭게 설정했다. 2004년 지침Directive 2004/107/EC에서는 중금속 및 다환 방향족탄화수소에 관한 기준을 추가했다. 2008년 지침Directive 2008/50/EC에서는 초미세먼지에 대한 기준을 신설했고 이 지침은 현재까지 유지되고 있다.

유럽 대륙은 크고 작은 49개국이 서로 국경을 맞대고 있어 미세먼지의 월경성이 중요한데, 대기오염 해결에는 국가 간 역량 차이가 있다. 따라서 유럽 국가들은 현재 자국의 기준과 더불어, 유럽연합 집행위원회의 대기 환경 지침을 따르고 있다.

북미 지역의 협력

북미 지역의 국제 협력으로는 미국-캐나다 대기 질 협약Air Quality Agreement과 북미 환경 협력 협약*이 대표적이다. 미국-캐나다 대기 질 협정은 산성비를 유발하는 오염 물질이 국경을 넘어 이동하는 문제를 해결하기 위해 1991년 체결됐다. 양국 국경 100킬로미터 이내 오염원의 변동 사항을 공유하고, 배출원 관리 실태를 평가해 관리 조치를 협의하며, 배출 규제와 규정을 공동 개발하는 등의 내용을 담고 있다. 2000년에는 스모그의 핵심 물질인 지상 오존에 관한 조항이 추가됐다.

* NAAEC. 상대국에 대기오염 문제를 야기할 수 있는 활동에 대해 환경영향평가, 사전 통지, 저감 협의, 정보 제공 등 구체적인 공동 대응책을 마련하기 위한 미국, 캐나다 간 협약. 1991년 채택됐다.

30년에 걸친 양국의 노력은 이후 가시적인 성과를 냈다. 산성비 유발 물질인 질소산화물과 이산화황 배출이 대폭 줄면서, 2017년 질소산화물은 2000년 대비 미국이 59퍼센트, 캐나다는 61퍼센트 감소했다. 이산화황은 1990년 대비 미국이 69퍼센트, 캐나다는 88퍼센트 감소라는 성과를 보였다. 오존의 전구물질인 질소산화물과 휘발성 유기화합물도 현저히 줄어든 것으로 나타났다.

1983년에는 미국-멕시코 국경 지역 환경 협정La Paz Agreement이 체결됐다. 양국은 이 협정을 바탕으로 국경 지역 환경을 보호하고 개선하며 보존하기 위한 구체적인 계획과 프로그램 등을 도입하기 시작했다. 북미 환경 협력 협정은 그중 하나로서, 미국과 캐나다, 멕시코가 1993년 체결한 국제 협약이자 북미 자유무역협정*의 일부분이다. 1994년 설립된 환경 협력 위원회CEC는 NAFTA 관련 환경문제를 협의하고, 북미 환경 협력 협정을 이행하는 역할을 수행한다. 또한 북미 오염 물질 배출·이동량 정보를 업데이트하고, 3국의 환경보호 및 지속 가능한 발전에 관한 보고서를 매년 발행한다.

* NAFTA. 미국, 캐나다, 멕시코 3국이 관세와 무역 장벽을 폐지하는 자유무역 블록을 형성하기 위해 1992년 체결해 1994년 1월부터 발효된 자유무역협정이다. 2017년 트럼프 정부 출범 이후 미국 주도의 재협상을 시작한 결과, 2018년 9월 NAFTA는 미국-멕시코-캐나다 협정USMCA으로 대체됐다.

WHO 가이드라인

대기오염에 따른 건강 피해의 심각성이 대두되자 WHO도 대기 질 가이드라인을 제시하고 있다. 이 가이드라인은 미세먼지의 인체 영향을 최소화하는 데 목적이 있어서, 전 세계 국가들이 자국의 환경기준을 설정할 때 신뢰성 있는 근거로 활용하고 있다.

WHO는 국가마다 사회, 경제, 기술 역량이 다른 점을 고려해, 가이드라인 수준까지 도달할 수 있는 단계별 잠정 목표도 함께 제시한다. 각국 정부는 자국의 여건에 맞게 잠정 목표를 설정하고, 이를 달성하면 하나씩 단계를 올려 궁극적으로는 가이드라인 수준까지 도달하도록 유도하는 것이다.

WHO 대기 질 가이드라인은 크게 연평균 기준과 일평균 기준을 제시한다. 연평균 기준은 장기간 노출, 일평균 기준은 단기 노출에 따른 피해를 줄이려는 목적이 있다. WHO 가이드라인에서 초미세먼지 농도가 미세먼지의 절반 수준으로 설정된 이유는, 실제 대부분의 나라에서 관측한 결과 미세먼지에서 초미세먼지가 차지하는 비율이 절반 정도인 것으로 분석된 데 있다.

최초의 WHO 대기 질 가이드라인은 1987년 발표됐다. 당시에는 전 세계가 아니라 유럽 중심의 건강 영향 데이터를 근거로 가이드라인을 설정했다. 2차 가이드라인은 2000년에 발표됐다. 2005년에는 유럽뿐 아니라 전 세계를 대상으로 하는 3차 대기 질 가이드라인이 발표됐다.

	초미세먼지	미세먼지
1987(유럽 중심)		연평균 50 일평균 150
2000(유럽 중심)	연평균 20	연평균 30 일평균 100
2005(전 세계 대상)	연평균 10 일평균 25	연평균 20 일평균 50
2021(전 세계 대상)	연평균 5 일평균 15	연평균 15 일평균 45

항목		1983	1991	1993	2001	2007	2012	2018
먼지	총부유 먼지	150/년 300/일	150/년 300/일	150/년 300/일	-	-	-	-
	미세 먼지	-	-	80/년* 150/일*	70/년 150/일	50/년 150/일	50/년 150/일	50/년 150/일
	초미세 먼지	-	-	-	-	-	25/년** 50/일	15/년*** 35/일

* 1993년 미세먼지 기준 신설(1995년 적용)
** 2011년 초미세먼지 기준 신설(2015년 적용)
*** 2018년 초미세먼지 기준 신설(2018년 적용)

그림 4-4. WHO 대기 질 가이드라인과 우리나라의 대기 환경기준 변천사

2021년 9월에는 수정된 글로벌 대기 질 가이드라인이 발표됐다. 3차 가이드라인 발표 이후 16년 만에 개정된 가이드라인으로, 그동안 수행된 다수의 연구 결과에 기반해 마련된 것이다. 이전보다 한층 강화된 미세먼지 농도 기준은 1세제곱미터당 연평균 15마이크로그램, 일평균 45마이크로그램이며, 초미세먼지 농도는 1세제곱미터당 연평균 5마이크로그램, 일평균 15마이크로그램으로 설정했다.

02

우리는 어떻게 대응할 것인가

우리나라의 대기오염 관리

우리나라 겨울을 두고 흔히 삼한사온三寒四溫이라는 말을 쓴다. 사흘은 춥고, 나흘은 비교적 온화한 날씨가 이어진다는 의미다. 차가운 시베리아기단이 강해졌다가 약해지는 패턴을 반복하기 때문이다. 최근에는 삼한사온 대신 삼한사미三寒四微라는 말을 쓰기도 한다. 추운 날이 사흘, 고농도 미세먼지 현상이 나흘이라는 뜻이다. '사온'이 '사미'로 바뀐 데는 매서운 한파 뒤 따뜻해지는 나흘 동안 미세먼지가 기승을 부린다는 의미도 있다.

삼한사미 역시 시베리아기단이 강해졌다가 약해지는 현상과 연관이 있다. 시베리아고기압이 확장되면 한파와 함께 한반도 북쪽의 청정한 공기가 한반도로 유입된다. 반면 시베리아고기압이 약해질 때는 중국 동북 지역과 산둥반도의 미세먼지가 유입되는 공기 흐름이 발생한다. 이때는 풍속도 약해져서 우리나라의 대기오염 물질까지 더불어 축적되기 때문에 고농도 미세먼지 현상으로 이어진다.

겨울철 삼한사미는 당분간 지속될 전망이다. 국내 미세먼지 농도에 영향을 주는 중국의 대기 질이 우리나라와 유사해지려면 오랜 시간이 필요하다. 환경 수준은 그 나라의 경제 수준과 에너지 구조에 좌우된다. 중국은 2020년 1인당 국민소득이 1만 160달러까지 올랐지만, 아직은 우리나라의 3분의 1 수준이다. 에너지 구조는 런던 스모그가 발생한 1950년대 영국과 유사하다고 평가받는다.

우리나라가 1인당 국민소득 1만 달러를 돌파한 시점은 중국보다 25년 빠른 1995년이다. 우리 역시 고도성장을 하던 1970~80년대에 현재 중국과 같은 대기오염 문제를 안고 있었다. 한편 선진국에서는 우리나라가 막 산업화에 접어든 1970년대 초반에 이미 환경문제의 중요성을 인식하고 이 분야를 전담하는 정부 조직을 뒀다. 가령 미국은 1970년, 일본은 1971년에 환경청을 신설해 대기 질을 관리하기 시작한 것이다.

같은 시기 우리나라는 보건사회부(현 보건복지부) 환경위생과에 공해계라는 작은 조직을 두는 수준이었다. 그러다 공해계가 공해과로 승격된 1973년부터 우리나라는 정부 차원에서 공해를 다루기 시작했다고 평가받는다. 1978년에는 정부 산하 연구 기관인 국립환경연구소(현 국립환경과학원)가 출범했다.

1980년 1월 5일에는 환경부의 전신인 환경청이 신설됐다. 환경청은 1990년 환경처로 개편되었다가, 1994년 장관을 두는 독립된 정부 부처인 환경부로 승격되면서 지금의 형태를 갖추었다.

우리나라가 선진국처럼 대기 환경기준을 두기 시작한 시기는 환경청이 출범한 1980년 전후였다. 1978년 이산화황에 대해 최초로 도입한 뒤, 1983년에는 일산화탄소, 이산화질소 등으로 대상을 넓혔다. 대기 중에 떠다니는 모든 종류의 먼지를 포괄하는 총부유먼지도 이때 포함됐다. 미세먼지에 대한 기준은 1993년 신설되었으며, 1세제곱미터당 연평균 80마이크로그램, 일평균 150마이크로그램으로 기준을 설정했다.

2000년대에 들어 가시적인 성과를 보인 것은 수도권 지역 대기 질 개선이다. 2002년 한일월드컵 당시 서울의 대기오염이 국제적으로 악명을 떨치면서, 정부는 2003년 '수도권 대기환경 개선에 관한 특별법'을 제정했다. 이 특별법에 따라 10년 주기로 수도권 대기 환경 관리 기본 계획을 수립·시행하고, 전담 기관으로 수도권대기환경청을 신설했다.

1차 기본 계획 기간(2005~2014)에는 약 4조 원의 예산을 투입해 미세먼지와 이산화질소를 집중 관리했다. 그 결과, 서울의 1세제곱미터당 미세먼지 평균 농도는 2005년 58마이크로그램에서 2014년 46마이크로그램으로 낮아졌다. 2차 기본 계획(2015~2024)에서는 초미세먼지와 오존을 추가해 2024년까지 초미세먼지 1세제곱미터당 20마이크로그램, 오존 60피피비 수준까지 낮추는 것을 목표로 계획을 이행하고 있다.

2010년대는 미세먼지에 대한 시민들의 관심이 특히 높아진 시기였다. 초미세먼지의 1세제곱미터당 농도가 연평균 25마이크로그램, 일평균 50마이크로그램으로 대기 환경기준에 추가된 시기도 2011년이었다. 미세먼지에 대한 우려는 이후에도 계속 고조되면서, 정부는 2018년 3월 초미세먼지 농도의 환경기준을 1세제곱미터당 연평균 15마이크로그램, 일평균 35마이크로그램으로 한층 강화했다. 이는 미국, 일본과 동일한 수준이다. 나아가 정부는 WHO 권고 기준까지 강화하기로 했다. WHO가 2021년 발표한 권고 기준에 따르면, 미세먼지 농도는 1세제곱미터당 연평균 15마이크로그램, 초미세먼지는 5마이크로그램 수준이다.

2013년 이후

현재 우리나라의 미세먼지 관리는 2013년 이후 집중적으로 수립된 미세먼지 관련 특별법과 각종 종합 대책을 근거로 최근까지 발전해온 결과라고 할 수 있다. 2013년이 하나의 분기점이 된 것은, 이 무렵 미세먼지에 대한 대중적 관심이 높아지면서 미세먼지 개선을 요구하는 사회적 여론이 들끓기 시작했기 때문이다.

특히 2013년 1월 한 달 가까이 이어지던 중국의 고농도 미세먼지 현상이 국제적으로 크게 이목을 끌었다. WHO 산하 국제암연구소가 미세먼지를 1군 발암물질로 지정한 해도

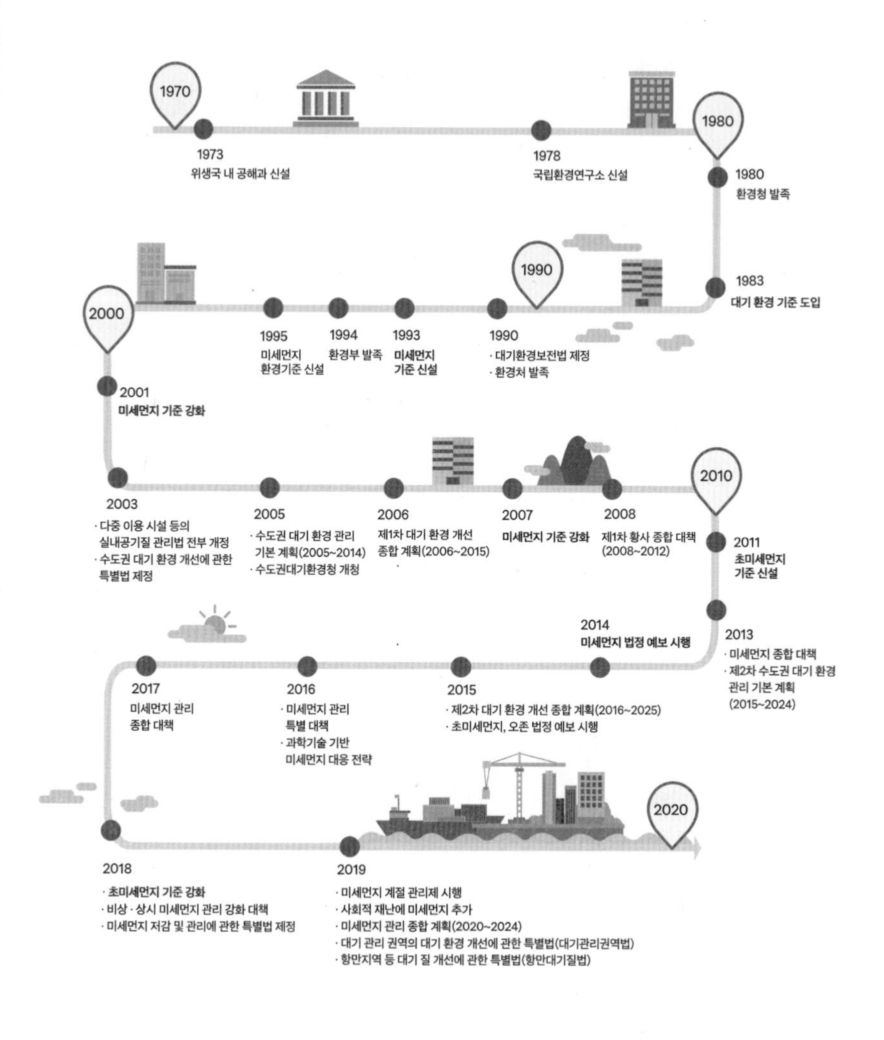

그림 4-5. 우리나라 미세먼지 관련 법 제정 및 정부 대책의 변천사(1970~2020)

2013년이었다. WHO를 비롯한 각종 국제기구들이 미세먼지의 건강 영향 자료를 지속적으로 발표하자, 언론 매체도 이를 크게 다루기 시작했다.

정부는 이러한 사회적 관심을 반영해 2013년 12월 '미세먼지 종합 대책' 발표를 시작으로 2015년 1월 초미세먼지 예보를 시행했다. 또한 미세먼지와 초미세먼지 농도가 일정 수준을 넘어서면 경보를 발령하는 제도도 시작했다. 2016년 6월에는 '미세먼지 관리 특별 대책'을 발표하기도 했다.

정부가 내놓은 정책들로 미세먼지 농도가 일부 낮아지는 성과가 있었지만, 시민이 체감하는 고농도 미세먼지 현상은 여전했다. 기존과 별반 다르지 않은 대책을 확대·강화하는 땜질식 대응에, 저감 성과 또한 일시적인 것에 불과하다는 비판도 있었다. 보다 근본적인 해결을 위해 제도 시행의 강제성을 보장하는 법적 근거가 필요하다는 여론이 제기됐다.

2017년, 정부는 미세먼지 해결을 최우선 과제로 설정하고 관계 부처 합동 태스크포스[TF]를 구성해, 같은 해 9월 '미세먼지 관리 종합 대책'을 발표했다. 이후 미세먼지 관련 특별법이 제정되고, 미세먼지를 전담하는 각종 기구가 출범하면서 과거보다 적극적인 대응 체계를 갖춰나갔다.

우선 2018년 8월 제정된 '미세먼지 저감 및 관리에 관한 특별법'은 정부와 지방자치단체가 유기적으로 미세먼지에 대응하도록 만드는 법적 근거가 됐다. 특별법은 지방자치단체에 다양한 자치 권한을 부여했다. 이에 지방자치단체가 저공해 비상 조치를 시행할 권한, 미세먼지 집중 관리 구역을 지정할 권한 등을 갖게 됐고, 시·도지사는 필요하다고 판단할 경우 자동차 운행이나 대기오염 물질 배출 시설의 가동을 제한할 수 있다.

2018년 11월에는 '비상 상시 미세먼지 관리 강화 대책'이 발표됐다. 2019년 2월과 4월에는 국무총리 산하 미세먼지특별대책위원회, 대통령 직속 국가기후환경회의*가 잇따라 출범했다. 미세먼지특별대책위원회는 학계, 산업계, 의학계, 시민사회 등 다양한 각계 사회 구성원이 참여해 미세먼지 관련 주요 정책과 이행을 심의하는 기구다. 국가기후환경회의는 민간 전문가와 일반 시민들에게서 미세먼지 대책에 관한 의견을 수렴해 정부에 제안하는 역할을 했다.

2019년 11월에는 '미세먼지 관리 종합 계획'이 발표됐다. 전국 17개 시도는 5년마다 수립되는 미세먼지 관리 종합 계획에 따라 미세먼지 세부 관리 방안을 만들었다. 이는 2018년 '미세먼지 저감 및 관리에 관한 특별법'에 따른 조치다. 이어 같은 해 12월에는 대기오염 물질 배출 저감과 정책 효과 분석을 전담하는 국가미세먼지정보센터가 환경부 산하에 신설됐다. 이때부터 국가 대기오염 물질 배출량 통계 산출은 국가미세먼지정보센터가 담당하고 있다. 대기오염 물질 배출량 통계

* 미세먼지와 기후변화 문제에 대응하기 위한 대통령 직속 범국가기구. 2021년 4월 30일 '2050 탄소중립녹색성장위원회'에 통합되면서 활동이 종료됐다.

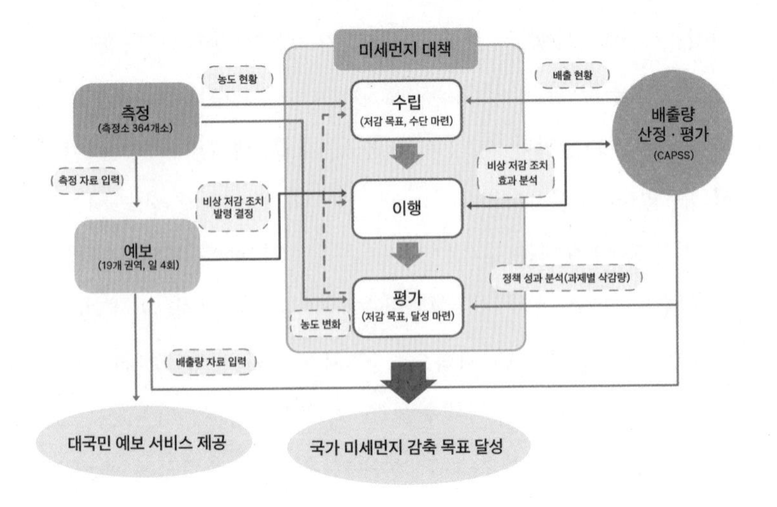

그림 4-6. 미세먼지 관리 종합 계획(2019)에서의 미세먼지 대책과 정책 간 연계도

는 1999년부터 매년 산출해왔는데, 국가미세먼지정보센터 개소 전까지는 국립환경과학원이 담당하고 있었다.

대기 관리 권역

과거 우리나라의 미세먼지 정책은 수도권에 집중된 측면이 있었다. 2003년 제정된 '수도권 대기 환경 개선에 관한 특별법'에 따라 수도권 중심의 관리가 이뤄지면서, 실제로 수도권 대기 질이 많이 개선되기도 했다. 하지만 2010년대 들어서 이슈로 떠오른 고농도 미세먼지는 과거 대도시 위주의 대기오염과는 달리 지역을 가리지 않아, 전국적 관심사가 됐다.

이에 정부는 대기 관리 권역을 기존 수도권에서 전국으로 확대하는 '대기 관리 권역의 대기 환경 개선에 관한 특별법'(이하 대기관리권역법)을 2019년 4월 제정했다. 대기관리권역법은 각 지역마다 대기 관리 권역을 선별해 지리적으로 인접한 곳을 하나의 광역으로 묶고 집중 관리하도록 했다. 여기서 대기 관리 권역이란 대기오염이 심하거나 오염 물질 배출이 많은 지역을 대통령령으로 지정한 곳을 말한다.

현재 대기 관리 권역은 수도권, 중부권, 남부권, 동남권으로 설정하고 있다. 대기오염이 덜한 강원도와 제주도는 제외됐다. 국내 초미세먼지 기여율이 높은 지역을 중심으로 권역을 설정했기 때문에 시도 내에서 일부 지역만 포함된 권역도 있다. 권역 구분을 보면, 일반적인 행정구역 구분과는 약간의 차이가 있다. 전라남도 지역을 남부권, 경상남·북도 지역을 동남권으로 구분하고, 중부권은 충청남·북도와 전라북도 일부를 포함한다. 이는 지역별 주요 산업군이 다양하고, 기상 요건도 상이해 배출원, 배출량, 광역적 영향 범위 등을 고려하는 권역별 맞춤형 저감 대책으로 그 효과를 높이기 위해서다.

대기관리권역법이 만들어지면서 전국 시·도 미세먼지 관리 정책을 법률에 따라 일괄 수립할 수 있게 됐다. 이전에는 각 지방자치단체에서 개별적으로 미세먼지 관리를 시행했다. 하지만 대기관리권역법 제정 이후 4개 권역에 속한 지방자치단체는 각 권역 단위로 대기 환경 관리 기본 계획(2020~2024)을 수립하고, 환경부 장관의 승인을 받아 2021년부터 본격

시행하고 있다.

권역별 대기 환경 관리 기본 계획에는 해당 시·도별 대기 오염 물질 배출 허용 총량을 설정하고, 2024년까지 이를 달성하기 위한 시행 계획이 포함되어 있다. 세부적인 시행 계획에는 관할 지역의 대기오염 수준, 지리적 요건, 주요 산업 같은 특성을 반영해 미세먼지 저감 목표를 달성한다는 내용과 더불어, 지역별 대기 질 연구와 주민 참여 및 소통 방안까지 담고 있다.

현재 각 권역의 미세먼지 관리 업무는 환경청 산하 금강유역환경청(중부권), 영산강유역환경청(남부권), 낙동강유역환경청(동남권)이 담당하고 있다. 하지만 지금처럼 각 유역환경청에서 관할 지역을 세부적으로 관리하게 되면 중앙정부의 하향식 정책이 되기 쉽고, 지역 주민의 눈높이에 맞는 성과를 내기 어렵다는 지적도 있다. 이에 권역별로 대기환경청을 만들거나, 미국 캘리포니아주 사례를 참고해 각 권역에 민간단체를 설립, 정부 권한을 대폭 위임하자는 의견도 나오고 있다.

내일의 미세먼지, 좋음, 보통, 나쁨, 매우 나쁨

우리나라는 2013년 8월부터 미세먼지 예보를 시행하고 있다. 처음에는 수도권을 대상으로 미세먼지 내일 예보를 했으나, 2014년 전국으로 확대했다. 2015년부터는 초미세먼지 내일 예보가 추가됐다. 2017년에는 2003년부터 실시하던 황사 예보를 미세먼지 예보에 통합시켰다. 현재는 전국 19개 권역

비상 저감 조치	
예비 비상 저감 조치	① 당일 17시 예보 기준으로 모레 매우 나쁨(75㎍/㎥ 초과 예보) ② 내일, 모레 모두 50㎍/㎥ 초과(예보) • 비상 저감 조치 시행 전일에 예비 조치 시행
비상 저감 조치	① 당일 0~16시 평균 50㎍/㎥ 초과 및 내일 50㎍/㎥ 초과 예상 ② 당일 0~16시 해당 시·도 권역 주의보·경보 발령 및 내일 50㎍/㎥ 초과 예상 ③ 내일 75㎍/㎥ 초과(매우 나쁨) 예상

위기 경보 발령 기준 (하나의 요건만 충족해도 발령)	
관심	비상 저감 조치 발령 기준
주의	① 150㎛/㎥ 이상 2시간 지속 + 다음 날 75㎛/㎥ 초과 예보 ② '관심' 단계 2일 연속 + 1일 지속 예상
경계	① 200㎛/㎥ 이상 2시간 지속 + 다음 날 150㎛/㎥ 초과 예보 ② '주의' 단계 2일 연속 + 1일 지속 예상
심각	① 400㎛/㎥ 이상 2시간 지속 + 다음 날 200㎛/㎥ 초과 예보 ② '경계' 단계 2일 연속 + 1일 지속 예상

그림 4-7. 초미세먼지 비상 저감 조치 및 위기 경보 발령 기준

을 대상으로 1일 4회(오전·오후 5시, 11시), 모레 예보까지 수행하고 있다.*

미세먼지 예보는 예상되는 미세먼지 농도에 따라 좋음-보통-나쁨-매우 나쁨까지 4단계 등급으로 구분해서 발표한다. 가령 초미세먼지는 2018년 환경기준이 강화되면서 현재는 농

* 미세먼지 예보 결과는 에어코리아 홈페이지와 모바일 앱 '우리동네 대기질,' 기상콜센터(131)에서 확인할 수 있다. 홈페이지와 앱에서는 오늘, 내일, 모레 예보 결과와 원인 분석을 함께 제공한다.

미세먼지는 사회 재난

우리나라에서 황사는 자연 재난으로 규정되어 있다. 이는 2002년 고농도 황사가 한반도에 밀어닥친 사건이 계기가 됐다. 당시 서울 미세먼지 농도는 1세제곱미터당 3,311마이크로그램으로 기록된다. 초등학교 휴교, 호흡기 질환 환자 급증, 반도체 등의 정밀 산업체 임시 휴업까지, 사회 곳곳에서 각종 피해가 발생했다. 이후 중국, 몽골과 국제 협력을 강화해 황사 발원지 인근에 관측소를 설치하면서 우리나라는 발원지 관측 자료를 확보하게 됐다. 이를 토대로 황사 예보 모델을 개발해 2003년부터 황사 예보를 시작했다. 이어 2004년에는 황사를 자연 재난으로 규정했다.

반면 미세먼지는 2019년 사회 재난으로 규정됐다. 황사가 자연 발생하는 현상이라면, 미세먼지는 물류 대란 같은 인재에 가깝다는 의미에서다. 이에 따라 고농도 미세먼지 현상이 심각할 경우에는 중앙정부나 지방자치단체가 재난 지역으로 선포할 수 있고, 선포 이후 응급조치나 복구 관련 비용으로 재난 관리 기금을 사용할 수 있게 됐다. 우리나라에서 자연 재난과 사회 재난의 구분은 '재난 및 안전 관리 기본법' 제3조에 법적 근거를 두고 있다.

도가 1세제곱미터당 0~15마이크로그램인 경우 '좋음,' 16~35마이크로그램이면 '보통,' 36~75마이크로그램이면 '나쁨,' 76마이크로그램 이상이면 '매우 나쁨'으로 예보 등급을 산정한다.

예비 저감 조치나 비상 저감 조치 발령은 고농도 미세먼지 현상이 예측될 경우에 긴급히 미세먼지 저감 조치를 단행할 목적으로 도입되었다. 이미 고농도 미세먼지 현상이 발생했다면, 시·도별로 초미세먼지 재난에 관한 위기 경보 기준을 판단한다. 이 기준에 충족할 경우, 주의보나 경보를 발령해 대기오염 조치를 시행하게 된다. 위기경보는 미세먼지 오염도와 지속 시간을 고려해 관심, 주의, 경계, 심각 등 4단계로 구분하고 있다.

계절 관리제

우리나라에서 고농도 미세먼지 현상은 매년 겨울에서 이른 봄까지 가장 빈번하게 발생한다. 이 시기에는 북서 계절풍이 불어와 중국에서 대기오염 물질이 넘어오는 데다, 난방에 필요한 화석연료 사용도 증가한다. 또한 날씨가 추울 때 나타나는 낮은 대기 혼합고와 대기 정체 현상도 원인이 된다.

정부는 이같이 고농도 미세먼지 현상이 빈번한 시기에 적용할 수 있는 '미세먼지 계절 관리제'를 마련해 2019년 11월 발표했다. 매년 12월에서 이듬해 3월까지 평소보다 한층 강화된 미세먼지 관리를 시행한다는 내용이다. 이 제도는 대통령 직속 국가기후환경회의가 일반 시민의 의견을 수렴한 뒤 정부에 제안해 만들어졌다.

계절 관리제가 적용되는 시기에는 수송, 발전, 산업, 생활 등 각 부문에서 대기오염 물질 배출 감축을 위한 추가 조치가 시행된다. 영·유아, 어린이, 노인 등 민감·취약 계층을 보호하기 위한 시설 점검과 관리를 강화하고, 취약 계층에는 보건용 마스크를 보급한다. 고농도 미세먼지 현상에 영향을 주는 중국과의 국제 협력, 정책 교류도 이 시기에 집중 실시하게 된다.

제1차 계절 관리제는 2019년 12월에 시작했다. 환경부 발표에 따르면, 계절 관리제 기간의 1세제곱미터당 전국 초미세먼지 농도는 첫 시행(2019. 12~2020. 3)에서 24.5마이크로그램, 2차 시행(2020. 12~2021. 3)에서 24.3마이크로그램, 3차 시행(2021. 12~2022. 3)에서 22.3마이크로그램까지 점차 낮아진 것으로 조사됐다. 초미세먼지 '좋음' 일수는 1차 시행에서 28일, 2차 시행에서 35일, 3차 시행에서 40일로 증가 추세를 보였다.

제도 시행 전인 2016~2019년 겨울에서 이른 봄 사이 전국 초미세먼지 평균 농도가 1세제곱미터당 31.8마이크로그램, 초미세먼지 '좋음'이 13일인 것과 비교하면 뚜렷하게 개선된 것이다. 물론 2020년부터 코로나19의 유행으로 경기가 침체되고 공장 가동률이 줄어 대기오염 물질이 감소하는 등 다양한 요인을 고려해볼 수 있지만, 계절 관리제로 인한 개선 효과가 일정 부분 있었다고 분석된다. 2021년부터 대기오염 물질 배출량이 점차 회복되었음에도, 계절 관리제 기간 미세먼지 농도가 꾸준히 개선되고 있기 때문이다.

미세먼지 계절 관리제와 유사한 제도는 해외에서도 이미 시행하고 있다. 먼저 이탈리아 북부 에밀리아-로마냐주는 매년 10월에서 3월까지 적용하는 겨울철 비상조치Winter Emergency Measures 정책을 2017년부터 시작했다. 벨기에 브뤼셀에서는 매년 11월에서 3월까지 오염 피크 계획pollutiepiekplan 제도를 2009년부터 운영 중이다. 이는 대기오염 수준을 4단계로 구분한 뒤, 예측되는 오염 물질 농도에 따라 단계별로 차량 운행 속도와 난방 온도를 제한하고, 대중교통 무료 운행 같은 조치를 취하는 제도다.

독일 슈투트가르트에서는 매년 10월 15일부터 4월 15일까지 초미세먼지 경보Fine Dust Alarm를 운영하고 있다. 중국 징진지와 그 주변 지역에서는 10월부터 3월까지 '가을·겨울 대기오염 종합 관리 대응 행동 방안'을 시행하고 있다. 미국 캘리포니아주 남부 해안 대기 질 관리국SCAQMD은 매년 11월에서 2월까지 적용되는 대기오염 예방 프로그램Check Before You Burn을 2011년부터 운영하고 있다.

사업장 미세먼지 저감

제철소, 시멘트 공장 같은 사업장은 제품 생산에 많은 에너지를 소비하고, 이 과정에서 다량의 대기오염 물질이 발생한다. 사업장의 초미세먼지 배출 비중은 40퍼센트 이상으로, 다른 배출원(발전소, 건설 장비, 자동차, 생활 오염원 등)에 비해 가장 높은 수준이다. 정부는 고농도 대기오염 물질이 대기 중에 곧바로 배출되지 않도록 배기가스 허용 기준을 정하고 있다. 업종이나 사업장 규모에 따라 다르게 설정된 허용 기준은 경제 수준과 오염 방지 기술 발전에 맞춰 점차 강화되는 추세다.

사업장은 배기가스 법적 허용 기준을 지켜야 한다. 생산과정에서 발생한 오염 물질이 주위로 퍼지지 않게끔 통로를 지나도록 하고, 대기오염 방지 시설을 거쳐서 굴뚝으로 배출한다. 환경부는 대형 사업장 굴뚝마다 배기가스 측정 장비 설치를 의무화해 허용 기준을 초과하지 않는지 실시간으로 모니터링하고 있다.* 이때 측정된 오염 물질 배출량은 국가 대기오염 물질 배출량 통계에 활용된다.

굴뚝에 설치하는 대기오염 방지 시설은 크게 공기 중에 부유하고 있는 입자 물질을 필터나 거름망 등으로 걸러내는 집진 설비, 질소산화물을 제거하는 탈질 설비, 황산화물을 제거하는 탈황 설비로 구분할 수 있다. 석탄 화력발전소의 대형 굴뚝에는 세 종류 설비가 모두 설치되어 있다.

자동차가 내뿜는 배기가스에는 일산화탄소, 탄화수소, 질소산화물, 알데하이드,** 미세먼지 등 다양한 대기오염 물질이 있다. 대기오염이 사회문제로 떠오르면서, 배기가스 규제는 전

* 한국환경공단이 운영하는 굴뚝 원격 감시 체계 클린시스 CleanSYS에서 실시간으로 온라인 조회가 가능하다.

** aldehyde. 휘발성 유기화합물의 일종이다. 독성 물질로 분류되며 미세먼지로 바뀌는 대기오염 물질 중 하나다.

세계적인 추세가 되었다. 우리나라 또한 1978년 6월 대기환경보전법을 만들어 규제를 시작했다.

이후 대기환경보전법이 여러 차례 개정되면서 배기가스 배출 허용 기준은 점차 엄격해졌다. 배출 허용 기준은 자동차의 종류에 따라 다르게 적용하고 있다. 휘발유 차나 가스 차에는 2016년부터 미국 캘리포니아주의 극초저배출 차량과 동일한 기준*을, 경유 차에는 2014년부터 유럽연합의 유로6**과 동일한 기준을 적용하고 있다.

또한 우리나라는 자동차 배출 가스 등급제를 시행해 모든 차량을 연료의 종류, 연식, 오염 물질 배출 정도에 따라 1~5등급으로 분류하고 있다. 이 중 등급이 낮은 차량은 상황에 따라 운행을 제한한다.*** 더불어 대기질 개선 사업의 일환으

* 미국 캘리포니아주에서 적용 중인 자동차 배출 가스 기준. 공해 감축 목표치가 기존 차량 모델의 50퍼센트인 차량은 초저배출 차ULEV, 90퍼센트인 차량은 극초저배출 차량SULEV이라고 부른다. 한편 전기 차나 연료전지 자동차처럼, 대기오염 물질과 온실가스를 전혀 배출하지 않는 차를 무배출 차ZEV라고 부른다.

** Euro 6. 유럽연합이 도입한 자동차 배기가스 규제 단계의 명칭. 1992년 유로1에서 출발해 2013년 유로6까지 강화되었다. 가령 대형 경유 차의 배출 가스 허용 기준은 질소산화물 0.4g/kWh 이하, 미세먼지 0.01g/kWh 이하, 일산화탄소 1.5g/kWh 이하, 탄화수소 0.13g/kWh 이하로 두고 있다.

*** 배출 가스 5등급 차량은 서울 녹색 교통 지역의 운행이 금지된다. 고농도 미세먼지 비상 저감 조치가 발령되면, 서울 전역과 인천, 경기도 등 수도권에서도 운행이 제한된다. 미세먼지 계절 관리제 기간에는 오전 6시부터 밤 9시까지(토요일·공휴일 제외) 제한된다.

최적 가용 기법

최적 가용 기법이란 기술 · 경제적으로 적용 가능한 요소를 통해, 오염 물질 배출을 가장 효과적으로 줄이는 관리 기법이다. 원료의 투입부터 오염 물질을 배출하기까지의 전 과정, 즉 시설의 설계와 설치, 운영 각 요소에 적용할 수 있는 경제적이고 우수한 환경 관리 기법군을 찾는 것이 관건이다. 오염 물질 발생·배출 저감 기법, 용수·에너지 소비량 절감 및 재이용 기술, 환경 경영 및 시설 운영 모니터링 같은 요소들이 고려된다.

우리나라는 '환경오염 시설의 통합 관리에 관한 법률'(약칭 환경오염시설법)을 2015년 12월 제정하고, 환경오염시설법 제24조에 의거해 배출 시설 및 방지 시설의 설계, 설치, 운영에 최적 가용 기법을 적용하고 있다. 이는 국내 사업장 미세먼지 저감 정책에 반영된다. 오염 물질 배출 시설로 선정된 사업장에 대해서는 배출 영향 분석, 허가 배출 기준, 배출 시설 및 방지 시설 설치 계획, 연료 및 원료 등 사용 물질, 사후 환경 관리 계획, 최적 가용 기법 등의 자료를 평가해 설치·운영을 위한 인허가를 내주고, 사업장이 배출 시설을 통합 관리하도록 하고 있다. 현재 통합 환경 관리의 인허가 대상이 되는 배출 시설 중 미세먼지 관련 시설로는 대기오염 물질, 비산 먼지, 휘발성 유기화합물, 비산 배출 시설이 있다.

산업 분야, 기술 수준에 따라 적용되는 최적 가용 기법이 달라지기 때문에, 최적 가용 기법 기준서는 업종별로 산업계, 환경 산업계, 민간 전문가 등이 함께 참여해 작성한다. 기준서에는 업종별 오염 발생 저감과 사업장의 경제성 및 생산성에 도움이 될 만한 최신 기법들이 포함된다.

로 정부는 배출가스 저감 장치 보조금 지원 사업을 시행하고 있다.

미세먼지, 특히 검댕이 쌓이면 내부 압력이 증가해 차량 운행에 문제가 생긴다. 이에 주기적으로 온도를 높여 검댕을 태워 없애는 매연 여과 장치를 사용한다. 배기량이 큰 차량은 검댕과 함께 질소산화물을 제거하기 위해 선택적 촉매 환원 장치*를 쓴다. 이때 적절한 양의 요소수를 공급하면 질소산화물을 질소와 수증기로 바꿔준다.**

미국과 유럽의 자동차 배기가스 규제

캘리포니아주는 미국에서 대기오염이 가장 심한 지역으로 알려져 있다. 특히 로스앤젤레스 일대는 광화학스모그가 빈번히 발생하는데, 자동차 배기가스가 주원인이다. 이에 따라 캘리포니아주는 세계 최초로 1960년대부터 배기가스 규제를 시행해왔다. 현재도 가장 엄격히 배기가스를 규제하는 곳으로 손꼽힌다. 자동차 연료 역시 다른 주에 비해 비싼 편이다.

미국은 승용차 연료로 휘발유(가솔린)를 많이 사용한다. 휘발유가 엔진에서 연소되면 질소산화물, 일산화탄소, 탄화수소 같은 대기오염 물질이 발생한다. 이에 미국에서는 1976년부터 휘발유 승용

* selective catalytic reduction. 연소 가스에 환원제를 투입함으로써, 촉매 반응을 통해 질소산화물을 수분과 질소로 분리하는 기술을 뜻한다. 질소화합물만 환원시키기 때문에 선택적 촉매 환원법이라고 일컫는다.

** 요소수 $CO(NH_2)_2$는 노폐물인 암모니아가 변형된 형태를 띤다. 소변의 구성 성분 가운데 물 다음으로 가장 많다. 요소수는 질소산화물 저감을 위한 촉매 장치에 필수적인 물질이다.

차 배기관에 삼원 촉매 장치three-way catalytic converters를 장착하도록 했다. 삼원 촉매 장치는 질소산화물, 일산화탄소, 탄화수소까지 세 종류 오염 물질을 정화하는 역할을 한다.

유럽에서는 승용차에 경유(디젤)를 많이 쓴다. 엔진에서 경유가 연소되면 다량의 검댕과 질소산화물, 일산화탄소, 탄화수소가 발생한다. 이에 유럽연합도 대기 질 개선을 위해 자동차 배기가스 허용 기준을 점차 강화하고 있다. 특히 유로6 기준이 적용되는 승용차에는 벌집 모양의 매연 여과 장치diesel particulate filter를 장착한 뒤 판매하도록 했다.

시민의 자발적 활동이 정책으로

2010년대 이후 미세먼지는 여름철과 초가을 몇 달을 빼고는 지속적으로 시민을 괴롭히는 일상적인 문제가 됐다. 고농도 미세먼지가 계절풍을 타고 중국에서 넘어올 때는 한반도 전체가 미세먼지에 시달린다. 미세먼지는 일상생활에 직접 영향을 주는 것은 물론 건강과도 직결되기 때문에 지역, 계층, 연령, 성별을 가리지 않는 이슈다.

환경문제는 보통 환경 단체가 나서서 이슈화시키고 정책과 대안을 만들어 정치권을 압박하는 모습을 보였지만, 미세먼지 문제만큼은 뜨거운 이슈에 비해 시민 눈높이에 맞는 단체가 보이지 않는다는 시각이 있다. 정치권이나 언론의 대응도 성에 차지 않는다. 그래서인지 미세먼지는 국민들이 직접 팔을 걷어붙여 여론을 모으고 문제 해결에 뛰어드는 이슈가 됐다.

대표적으로 9만 2,000여 명의 회원이 활동하는 인터넷 커뮤니티 '미세먼지 대책을 촉구합니다'를 들 수 있다. 시민의 자발적인 참여로 운영되는 이 단체는 젊은 주부가 회원의 다수를 차지하고 있어, 미세먼지에 취약한 어린이 건강에 특히 관심이 많다. 이들은 온라인에서 여론을 모을 뿐만 아니라 집회를 열어 미세먼지 해결을 위한 특별법 제정을 촉구하거나, 정부의 미세먼지특별대책위원회에 민간 위원으로 참여하는 등 다방면에서 활발히 활동하고 있다.

마치 런던 스모그 사건이 일어났을 때 시민들의 강력한 요구로 의회에서 대기 질 개선 대책이 논의되고 정부 정책으로 이어지던 1952년 당시의 영국 시민사회의 활약과 유사하다. 우리나라에서도 미세먼지에 대한 시민의 관심이 '미세먼지 대책을 촉구합니다' 같은 커뮤니티 활동으로 이어지고, 이 영향으로 다양한 미세먼지특별법이 국회에서 제정됐다. 또한 2017년 대통령 선거와 2018년 지방 선거에도 미세먼지가 주요 공약에 반영되는 데 일조했다.

유엔은 2020년부터 매년 9월 7일을 '푸른 하늘을 위한 국제 맑은 공기의 날'로 지정하고 있는데, 이 역시 일반 시민의 활약이 열매를 맺은 사례다. 약칭 '푸른 하늘의 날'은 전 세계가 깨끗한 대기를 위해 협력할 것을 다짐하는 날이다. 이는 대통령 직속 국가기후환경회의가 국민 정책 참여단에서 나온 의견을 유엔 기후행동정상회의UN Climate Action Summit에 제안한 결과로서, 유엔이 이를 받아들여 국제 기념일이 됐다.

03 미래 미세먼지 관리

중국과의 협력

우리나라는 북반구 중위도 편서풍 지대에 있고, 겨울과 봄에는 북서 계절풍을 따라 넘어오는 중국발 미세먼지의 영향을 직접 받는 나라다. 특히 이 시기는 난방 수요로 오염 물질 배출이 증가하고, 다른 계절에 비해 대기 혼합고가 낮아 지표 근처에서 대기오염 물질이 농축되면서 2차 생성 미세먼지도 증가한다. 게다가 추운 계절에 잘 발생하는 기온역전 현상으로 인해 대기 정체도 빈번하다.

이에 따라 미세먼지는 한·중 협력의 주요 의제로 다뤄지고 있다. 양국은 2014년 한·중 정상회담을 계기로 한·중 환경 협력 양해 각서를 개정하면서 대기 질 개선을 위한 국제 협력을 이어가고 있다. 2019년 11월 4일 서울에서 열린 한·중 환경 장관 연례 회의에서는 대기 환경 개선을 위한 양국 협력의 본격적인 실천이라 할 수 있는 '청천晴天(맑은 하늘) 계획' 이행 방안에 양국 환경 장관이 서명, 외교문서로 명문화했다. 이를 계기로, 그간 대기 질 공동 조사 및 연구 수준으로 운영되던 청천 계획이 기술 교류를 비롯한 대기오염 저감 사업까지 확대되기 시작됐다.

청천 계획은 대기오염을 방지하기 위한 정책 및 기술 교류, 한·중 대기오염 형성 원리 및 발생원에 대한 과학적 인식 제고, 대기오염 방지 기술의 양방향 산업화 협력 같은 구체적인 목표를 설정했다. 이를 위해 대기오염 방지 정책과 인력, 기술을 교류하고, 공동 연구를 추진하며, 한·중 대기 환경 산업박람회 개최 등 기술 산업화에 협력하는 내용의 세부 이행 방안까지 포함하고 있다.

동북아시아 정부 간 국제 협력

대기 환경 개선을 위한 한·중·일 3국 정부 간 국제 협력도 20년 넘게 이어지고 있다. 1999년 시작한 한·중·일 환경 장관 회의TEMM가 대표적이다. 한·중·일 환경 협력 분야의 최고위급 회의체로서, 다른 정부 부처 3국 장관급 회의와 비교하면 가장 긴 역사를 자랑한다.

TEMM에서는 3국 장관이 환경 정책과 경험을 공유하고, 공동 대응을 논의하면서 매년 워크숍과 협력 연구 사업을 추진하고 있다.* 2014년부터는 TEMM 산하 실무자급 협의체로 볼 수 있는 '대기오염에 관한 한·중·일 정책 대화TPDAP'를 시작했다. 이를 통해 기술 연구 위주로 수행되던 대기 환경 공동 연구를 정책적 연구로 전환하는 계기를 맞았다. TPDAP는 공동 연구 추진을 위한 실무 그룹**을 두고, 환경부 공무원과 환경과학원 등 정책·연구 기관 전문가들이 참여해 TEMM과는 독립적으로 이행 계획을 수립한다. 또한 공동 세미나를 통해 대기오염 방지를 위한 정책 공유, 기술 교류, 조사·연구 결과를 공유하고 있다.

최근 동북아 지역의 미세먼지 문제에 대한 해법으로 유럽의 장거리 월경성 대기오염 협약이나 미국-캐나다 대기 질 협약이 자주 거론되고 있다. 동북아시아 지역도 황사, 산성비, 미세먼지 등 공동의 관심사가 있어, 다양한 국제 협력이 추진되고 있다.

동북아시아의 협력으로는 동아시아 산성비 모니터링 네트워크EANET, 동북아 환경 협력 계획NEASPEC과 동북아 청정 대기 파트너십NEACAP이 있다. EANET은 유엔환경계획UNEP 아시아 태평양사무소를 중심으로 일본 정부가 주도해 2000년 설립됐다. 러시아, 몽골, 중국, 한국, 일본, 미얀마, 베트남, 태국, 라오스, 캄보디아, 말레이시아, 필리핀, 인도네시아 13개국이 회원국으로 참여해 산성비 피해를 줄이기 위해 협력하고 있다.

* TEMM의 8대 우선 협력 분야에는 ① 대기 질 개선, ② 순환 경제, ③ 해양·물 환경 관리, ④ 기후변화 대응, ⑤ 생물 다양성, ⑥ 화학물질 관리·환경 재난 대응, ⑦ 녹색 경제로의 전환, ⑧ 환경 교육 및 대중 인식과 참여가 있다.

** 실무 그룹 1은 대기오염 방지·관리에 관한 과학 연구, 실무 그룹 2는 대기 질 감시·예측에 관한 기술 및 정책을 맡고 있다.

2020년에는 EANET 협력 범위를 산성비 이슈에 한정하지 않고 확대하기로 했다. 1993년 한국, 중국, 일본, 몽골, 러시아, 북한 6개국이 설립한 NEASPEC은 우리나라가 제안하고 주도한 정부 간 합의체로, 동북아 지역 환경 협력 계획을 수립해 사업을 수행한다. 현재 사무국은 인천광역시 송도에 있다. NEASPEC에서는 자연 보전, 월경성 대기오염, 사막화, 토지 황폐화, 저탄소 도시, 해양 보호 지역 등의 환경 이슈에 대해 정례 고위급 회담을 개최하는 등의 협력을 추진하고 있다.

NEACAP는 NEASPEC의 2017년 고위급 회담에서 설립에 합의해 2018년 설립됐으며, 회원국은 NEASPEC과 동일하게 한국, 북한, 중국, 일본, 러시아, 몽골이다. NEACAP에서는 동북아 대기오염 정보 파악 및 공동 연구 활동을 수행하고, 정책 제언 및 과학 기반 정책 협의 추진 등을 모의한다.

한국이 주도하는 동북아 R&D 국제 협력

미세먼지 문제 해결을 위한 한·중·일 협력은 연구 개발 분야에서도 이뤄지고 있다. 대표적으로 '동북아 장거리 이동 대기오염 물질 공동 연구LTP Project'가 있다. 명칭 그대로 동북아에서 장거리 이동하는 대기오염 물질의 현황과 영향을 파악하기 위해 2000년부터 한국 주도로 추진하고 있다. 한·중·일 최초의 대기오염에 관한 공동 연구로, 3국 정부가 연구 결과를 함께 검토한다는 점에서 의미가 크다. 현재까지 4단계의 연구 사업이 이루어졌는데, 1단계는 2000~2004년, 2단계는 2005~

2007년, 3단계는 2008~2012년, 4단계 연구는 2013~2017년에 있었다. 2019년에는 처음으로 공동 보고서가 공개됐다.

보고서에 따르면 2017년 기준 초미세먼지가 자국에서 배출된 연평균 비율(기여도)은 한국이 51.2퍼센트, 중국 91.0퍼센트, 일본 55.4퍼센트로 나타났다. 한국과 일본 주요 도시에 대한 중국의 초미세먼지 기여도는 각각 32.1퍼센트, 24.6퍼센트로 조사됐다. 이 보고서는 4단계 연구(2013~2017)에 한정된 요약 보고서 형태로 공개됐다. 2000년부터 장기간 공동 연구를 수행하고도 국가 간 의견 차를 좁히지 못해, 연구 결과를 모두 공개하지 못하고 있다는 점에서 아쉬움이 있다.

한국 연구진이 주도하는 또 다른 국제 협력은 환경 위성 천리안 2B호를 통한 아시아 지역 대기 질 관측이다. 2020년 2월

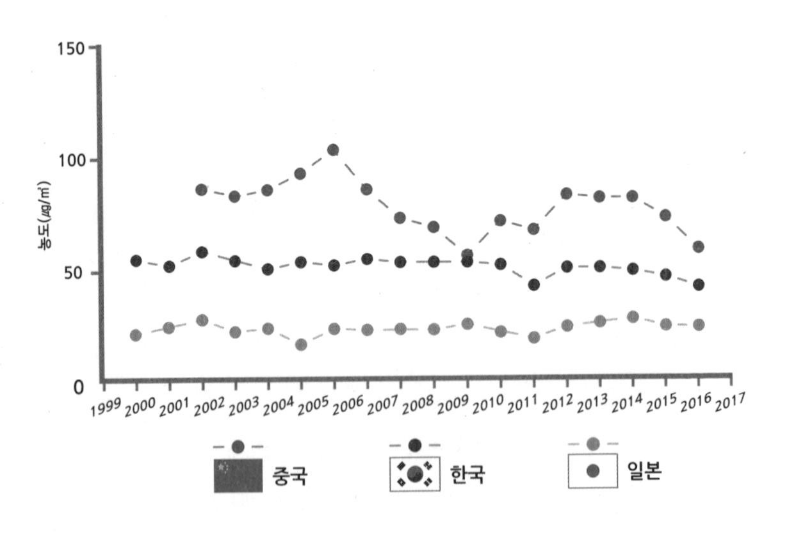

그림 4-7. 한국(4곳), 중국(6곳), 일본(2곳)에서 장기간 측정한 연평균 미세먼지 농도

발사된 천리안 2B호는 환경 위성 가운데 세계 최초의 정지궤도 위성이다. 한반도를 비롯한 동아시아 주변 대기 환경을 관측하는 임무를 수행하고 있다. 관측 범위는 인도차이나반도 인근의 동남아 지역은 물론, 중국 서쪽으로는 히말라야산맥과 인도까지 포함한다.

한국은 관측 범위에 있는 아시아 13개국*과 '환경 위성 공동 활용 플랫폼 구축 사업'**을 추진하고 있다. 천리안 2B호가 관측한 미세먼지와 기후변화 유발 물질에 대한 정보를 공동 활용하는 사업이다. 13개국에 판도라pandora라는 지상 원격 관측 장비 20개를 설치해 판도라 아시아 네트워크라는 뜻의 이른바 '판PAN, pandora asia network'을 2023년까지 구축할 예정이다. 또한 이들 13개국에 대기오염 정책을 지원하고, 공동 연구를 통해 환경 기술도 이전할 계획이다.

과학기술과 연계하는 미세먼지 정책

현재 우리나라는 미세먼지 문제를 범정부적으로 대응하고 있으나, 오염 물질의 배출 저감 위주로 정책이 추진된 경향이 있다. 단기간에 미세먼지 농도를 낮추기 위해 예비 저감 조치나 비상 저감 조치를 시행하는 한편, 장기적인 관리 정책 또

* 네팔, 라오스, 몽골, 미얀마, 방글라데시, 베트남, 부탄, 스리랑카, 인도, 인도네시아, 캄보디아, 태국, 필리핀.

** 국립환경과학원은 2020년 10월 27일 한국국제협력단, 유엔 아시아태평양경제사회이사회, 한국환경공단과 '환경 위성 공동 활용 플랫폼 구축 사업' 추진을 위한 업무 협약을 체결했다.

한 규제 기준을 강화해 배출량을 관리하는 데 치중했다. 하지만 미세먼지는 단순히 배출을 줄인다고 해서 해결할 수 있는 문제가 아니다.

고농도 초미세먼지 현상에는 기상 요인과 2차 생성이 주도적인 역할을 한다. 다른 지역에서 유입될 뿐만 아니라, 대기 중에서 복잡한 반응으로 생성되기도 하는 것이다. 따라서 초미세먼지를 근본적으로 해결하려면 과학적 근거를 기반으로 중장기적인 대책이 마련되어야 한다. 즉 기술-정책 중심 배출 관리에서, 과학-정책-기술을 연계하는 배출 관리로 전환할 필요성이 있다.

정부는 미세먼지 관련 연구 개발에 대한 투자를 지속하고 있다. 하지만 부처마다 제각기 연구 개발을 추진하면서 사업이 분산된 데다, 그마저 단기적인 성과를 내는 연구 개발이 대부분이었다. 이를 개선하기 위해 2020년 6월 과학기술정보통신부가 주무 부처로 나서서 '미세먼지 연구 개발 추진 전략(2020~2024)'을 수립했다. 연구 사업의 체계적인 추진·관리와 함께 미세먼지를 근본적으로 해결하기 위해 국가 차원에서 연구 개발 사업을 추진하고 있다. 대표적으로 2017년부터 2020년까지 원인 규명, 측정 및 예보 기술, 저감 방법, 대응 기술 등 미세먼지와 관련된 전 분야에 대하여 과학기술정보통신부, 환경부, 보건복지부가 공동으로 수행한 미세먼지 범부처 프로젝트가 있다. 이 외에도 국민 건강 보호를 위한 에너지·환경 통합형 학교미세먼지관리 기술개발사업, 국내부터 동북아시아 지역까지 아우르며 폭넓은 영역을 연구하는 동북아-지역 연계 초미세먼지 대응 기술개발 사업 등이 수행되고 있다. KIST 등 정부출연연구기관에서도 기초·원천부터 실증까지 미세먼지 문제 해결을 위한 다양한 연구를 수행하고 있다.

우리나라의 미세먼지 연구 수준은 미국, 유럽 같은 선진국에 비해 아직은 낮은 편이라는 게 이 분야 전문가들의 평가다.* 국내 지역별 특성이 반영된 미세먼지 원인 규명, 국내 대기 환경에서의 2차 생성 메커니즘 규명, 동북아 지역 특성을 고려한 맞춤형 연구 등에 초점을 맞추고, 선진국과 어깨를 나란히 할 수 있는 수준으로 올라서야 한다. 정부의 미세먼지 관리는 과학기술 연구로 밝혀진 객관적 근거를 기반으로 해야 정책의 효율성을 높일 수 있다. 시민에게 정확한 정보를 전달하고, 불안감을 해소할 수 있는 소통 방안도 결국은 과학적 사실과 연구 개발 성과가 뒷받침될 때 그 취지가 달성될 수 있을 것이다.

* 이지이 외, 『미세먼지 현황 분석 및 개선 보고서』, 국가기후환경회의 보고서, 2020, 14쪽.

미세먼지 없는 사업장이라는 목표

제철소나 발전소에서 화석연료가 연소할 때 발생하는 질소산화물과 황산화물은, 대기 중 산화 반응을 통해 2차 생성 미세먼지로 바뀐다. 사업장은 대기오염물질을 다량 배출하는 주요한 배출원이다. 우리나라 초미세먼지 중 45퍼센트가 사업장으로부터 발생한다. 이는 사업장 굴뚝에서 초미세먼지 형태로 직접 배출된 미세먼지와 가스상인 전구물질이 배출되어 대기 중에서 2차 생성된 미세먼지(간접 배출)가 합쳐진 수치다. 미세먼지 관리 대책이나 저감 기술에서 미세먼지뿐만 아니라 여러 가지 대기오염물질을 함께 다루는 이유가 여기에 있다. 이 문제를 해결하기 위해, 최근 정부는 다양한 연구 개발 사업을 추진해 성과를 거두고 있다.

세계 최초의 길이 15미터 백필터 적용 집진 장치

현재 각 사업장은 산업 시설에 적용되는 환경 규제를 지킬 수 있게끔 집진 설비를 운영한다. 집진 설비란 미세먼지를 걸러서 배출하는 장치인데, 국내에서는 원통형 필터가 설치된 집진기를 많이 쓴다. 대개 길이 3미터 이상의 필터를 세워서 장착하며, 긴 자루가 늘어선 모양과 같다고 '백bag필터'라 부른다. 배출 감축 기준이 강화되는 추세라 사업장에는 필터를 더 많이 장착한 집진기가 필요하지만, 설치 공간이 부족한 데다 이 때문에 공장 구조를 변경하는 것도 쉽지 않다.

이처럼 제한된 여건에서, 만약에 백필터를 길게 늘일 수만 있다면 더 많은 미세먼지를 처리할 수 있을 것이다. 한국에너지기술연구원 박현설 박사 연구 팀은 필터 길이를 15미터까지 대폭 늘이면서 그에 따른 기술적 문제까지 해결한 롱 백필터 시스템Long Bag Filter

System을 세계 최초로 개발해, 2020년에 기술 검증까지 완료했다.

필터 길이를 늘였을 때 발생하는 기술적 문제는 필터에 붙은 먼지들을 털어내는 단계에서 발생한다. 미세먼지를 가득 포함한 공기는 필터 안으로 흘러들어가는 과정에서 여과된다. 필터 내부의 깨끗한 공기는 집진기 밖으로 배출되는 반면, 공기가 지나가는 필터 표면에는 미세먼지가 달라붙는다. 필터에 계속 먼지가 쌓이면 집진기 운전이 어려워지기 때문에, 주기적으로 먼지를 털어내야 한다. 이를 일컬어 필터 재생 또는 탈진이라고 한다.

현재 가장 많이 사용하는 기술은 충격 기류 탈진 방식이다. 미세먼지를 여과하는 과정에서 필터는 안팎의 압력 차 때문에 안으로 수축된 상태가 된다. 이때 압축된 공기를 0.1초 내외로 빠르게 필터 내부를 향해 분사하면, 수축되어 있던 필터가 순간적으로 팽창하면서 겉면에 쌓인 먼지를 튕겨내듯 털어내게 된다. 이 방식은 수축된 필터를 충분히 팽창시킬 만큼 고압의 공기와 많은 에너지가 필요하므로, 주로 5미터 이하 필터에서만 적용하고 있다.

이러한 단점을 극복하기 위해 연구진은 백필터 복합 재생이라는 기술을 개발했다. 원리는 기존과 같이 압축공기를 순간적으로 분사하되, 외부의 청정한 공기를 필터 안으로 미리 충분히 유입시킨 상태에서 기존과 같이 압축공기를 순간적으로 분사함으로써 탈진에 필요한 에너지를 최소화하는 것이다. 이 기술을 적용하면 필터를 15미터까지 늘여도 충분히 효과적으로 탈진할 수 있다. 재생 효율도 올라가는 것으로 확인됐다.

필터 길이가 늘어날 때의 또 다른 문제는, 처리해야 할 공기가 배출구에 가까운 필터 상부로 편중되는 현상이 일어난다는 점이다. 이로 인해 탈진 성능이 저하된다. 이번에 추가로 개발한 통기도*

* 기체를 통과시키는 정도. 통기성이라고도 한다.

제어 기술은 필터 전체 구간에서 균일하게 여과되게끔 유도해, 보다 안정적인 필터 재생과 집진기 운전을 가능하게 했다.

연구진이 개발한 복합 재생 탈진 및 통기도 제어 기술은 2020년 포스코 광양제철소에서 실증* 운전에 성공했다. 길이 15미터의 백필터로 실증한 결과, 기존 3미터 규모 백필터 대비 미세먼지 배출량이 10~20분의 1 정도로 대폭 개선됐다. 또한 설치 면적은 70퍼센트, 시설 비용은 35퍼센트 절감할 수 있는 것으로 나타났다.

세계 최초 저온 재생 가능한 저온 탈질 촉매 개발 및 제철소 실증

질소산화물은 미세먼지를 유발하는 주요 전구물질이다. 수송 부문 다음으로 사업장에서 가장 많이 배출된다. 이러한 질소산화물을 저감하기 위해 1·2종 대형 사업장**에서는 탈질 촉매 기술을 활용하고 있다. 그동안 개발된 탈질 촉매의 활성 온도는 약 섭씨 280도다. 하지만 실제 배기가스의 온도는 이보다 낮다는 것이 문제였다. 따라서 추가 연료를 투입해 온도를 높이는 과정이 불가피했다.

이러한 문제를 해결하기 위해 한국과학기술연구원 하헌필 박사 팀은 2017년부터 연구를 시작해, 탈질 촉매의 활성 온도를 섭씨 220도로 대폭 낮춘 저온·고내구성 탈질 촉매를 개발하는 데

* demonstration. 연구 개발 성과가 성공적으로 실용화되기 위해, 실제 환경에서 제대로 성능이 구현되는지 검증하는 과정이다. 연구 성과물을 현장 규모에 맞게 확대 제작하고, 현장의 기존 설비들과 연동한 후 가동해야 하기 때문에 많은 비용이 소요된다.

** 사업장은 대기오염 물질의 연간 발생량 합계에 따라 1종부터 5종까지 구분된다. 가령 1종 대형 사업장은 대기오염 물질의 연간 발생량이 80톤 이상, 2종 대형 사업장은 20톤 이상 80톤 미만에 해당하는 사업장이다.

성공했다. 이어 포스코 광양제철소에서 파일럿 및 실증 시험을 거쳐 2019년 기술 검증까지 완료했다.

기존 탈질 설비에서 저온 촉매를 쓰기 어려웠던 원인은, 탈질 효율이 낮은 데다 저온에서 생성되는 황산암모늄이 미량으로도 촉매의 활성과 선택성을 손상(피독)시켜 내구성을 떨어뜨린다는 점에 있었다. 따라서 이를 해결하려면 저온에서의 촉매 기능을 높이면서 동시에 황산암모늄을 제거해야 했다.

하헌필 박사 팀이 개발한 기술은 이처럼 탈질 촉매 기능과 함께, 황산암모늄에 대한 촉매적 분해 기능이 있는 이중 촉매 특성을 적용한 것이다. 연구진은 양자화학 기반의 촉매 설계 기술, 촉매 표면 개질 기술 같은 방법을 적용함으로써, 소재 설계 측면에서 저온 재생 기능을 부여했다고 말할 수 있다. 이로써 촉매가 저온에서도 활성화되어 질소산화물을 제거하는 동시에, 촉매 성능을 저하시키는 황산암모늄을 분해하고 제거하는 이른바 고내구성 탈질 촉매가 개발됐다.

연구진이 개발한 탈질 기술은 산업체의 비용 감축뿐만 아니라 시멘트 공장, 소각로, 액화천연가스 발전소 같은 다양한 사업장에 확장 적용할 수 있어서, 환경 촉매 핵심 소재 관련 글로벌 시장을 넓히는 효과가 기대된다.

정확한 한국 대기 질 예측을 향해

한국 형 대기 질 예보 모델 개발

대기 질을 예측하는 데에는 대기 질 모델이 중요한 역할을 한다. 환경부 소속기관인 국립환경과학원 대기질통합예보센터가 운영하는 우리나라의 대기 질 예보에도 모델을 활용하고 있다. 대기 질 모델이란 기상 조건에 따라 대기오염 물질이 이동·확산되고 2차 생성되는 현상을 나타내는 수학 방정식이다. 방정식은 물리·화학적 이론을 바탕으로 시공간(3차원) 함수로 표현되는데, 대기오염 물질의 농도 예측에 활용된다.

대기 질 모델은 복잡한 방정식을 계산하는 데 많은 자원과 시간이 요구될 뿐만 아니라, 모델 자체가 대기 현상을 완벽하게 반영하지 못하기 때문에 불확실성이 존재한다. 또한 입력 자료인 기상정보·배출 자료가 정확하지 않으면 제 역할을 하기 어렵다. 대기 현상은 미세한 변화가 예상치 못한 결과로 이어지는 나비효과에 비유되곤 하는데, 이러한 특징 때문에 모델의 입력 자료는 예측의 정확도를 높이는 데 매우 중요하다.

현재 우리나라의 대기 질 예보는 미국 환경보호청이 개발한 모델링 시스템 CMAQ를 활용하고 있다. 대기 질 예측을 위한 기본 조건이 모두 북미 지역의 대기 환경에 맞춰져 있다. 평소의 대기 환경 상황에는 어느 정도 적용할 수 있지만, 고농도 미세먼지가 발생하는 등 동북아시아의 고유한 특수 상황에서는 한반도 대기 질을 정확히 예측하기 어렵다는 단점이 있다.

미국, 영국, 일본, 캐나다, 유럽연합 같은 선진국은 자국의 특성(대기화학 조성, 지형, 기상 등)에 특화된 예보 모델을 개발하고 있다. 우리나라도 한반도 대기 환경에 적합한 자체 모델링 시스템을 개발할 필요가 있다. 특히 고농도 미세먼지에 관한 예보 정확도를 향상시키려면 독자적인 모델링 시스템이 더욱 요구되는 상황이다.

하지만 처음부터 모델링 시스템 전체를 만드는 것은 긴 개발 기간이 소요되며, 많은 예산과 인력을 투입해야 한다. 또한 대기 질 모델링에 오차를 일으키는 배출량 자료, 기상 자료, 초기·경계 자료* 같은 입력 자료의 불확실성도 개선해야 한다. 이에 광주과학기술원 송철한 교수 팀은 기존의 미국 대기 질 모델링 시스템의 기본 틀은 그대로 두되, 그 내용물을 한반도 대기 환경에 맞게끔 개선하는 연구를 2017년부터 진행했다. 이때 '내용물'이란 대기 물리화학 반응, 배출량 자료, 기상 자료, 초기·경계 자료 등을 일컫는다. 이 요소들의 정확도를 향상시켜, 국내 대기오염 물질의 단기(48시간) 예보 정확도까지 높이기 위한 연구를 수행한 것이다.

그 결과, 송철한 교수 팀은 2020년 한국형 대기 질 예보 모델링 시스템KAQMS 버전 1.0을 개발했다. 앞서 언급했듯 기존의 국내 대기 질 예보는 미국이 개발한 모델링 시스템에 우리나라의 배출량 자료, 기상 자료만 넣어 구동했다면, 이 팀이 개발한 모델링 시스템은 배출량 자료 및 기상 자료를 개선했을 뿐만 아니라, 모델의 핵심 요소인 대기오염 물질의 화학반응, 이동·확산 등 물리 반응, 초기·경계 자료의 정확도를 개선한 시스템을 탑재했다. 또한 이 한국형 대기 질 모델링 시스템에는 기체상·액체상·표면화학반응 등을 조절하는 시스템이 내장되어 있어서, 한미 대기 질 공동 연구에서 도출된 대기오염 물질 농도 등을 대기 질 모델에 입력해 우리나라의 대기오염 특성을 반영했다. 더불어 지상 관측 자료로

* 초기·경계 자료는 모델 설정 시 입력하는 상수 값이다. 각 화학종에 대한 초기 농도와 모델 모의 영역 경계 격자에서의 농도 자료를 의미한다.

산출되던 초기 자료를 위성 관측 자료로 보정*하는 작업을 거쳐 모델의 정확도를 높였다.

한국형 대기 질 예보 모델 개발 연구를 통해 배출량 보정 기법이 새롭게 개발되고, 휘발성 유기화합물 배출량, 이동 오염원의 배출량 자료 등을 정교하게 산출했는데, 개선된 배출량 자료를 한국형 대기 질 모델링 시스템에도 연계 활용해 모델의 정확도 개선을 이뤄냈다.

* 자료 동화 과정이라고 할 수 있다. 모델링을 통한 예측 값을 과거 측정값과 비교해, 예측 값을 측정값에 동화시키는 과정을 말한다.